1일 1클래식 1기쁨

경이로운 한 해를 보내고 싶은 당신에게
하루하루 설레는 클래식의 말

클레먼시 버턴힐 지음 | 김재용 옮김

컬러의 말

모든 색에는 이름이 있다

카시아 세인트 클레어 지음 | 이용재 옮김

1일 1클래식 1포옹

이번에는 음악이 당신을
끌어안아줄 겁니다

클레먼시 버턴힐 지음 | 이석호 옮김

컬러의 힘

내 삶을 바꾸는 가장 강력한 언어

캐런 할러 지음 | 안진이 옮김

웨스 앤더슨

웨스 앤더슨의 필모그래피를 총망라한
단 한 권의 책

이안 네이선 지음 | 윤철희 옮김

컬러의 일

매일 색을 다루는 사람들에게

로라 페리먼 지음 | 서미나 옮김

그랜드 부다페스트 호텔

'앤더슨 터치'의 결정체

매트 졸러 세이츠 지음 | 웨스 앤더슨 원작 | 조동섭 옮김

컬러의 시간

케임브리지대 미술사학자가 들려주는
모든 시간의 컬러 이야기

제임스 폭스 지음 | 강경이 옮김

사울 레이터의 모든 것

뉴욕이 낳은 전설, 천재 포토그래퍼
한 편의 시와 같은 컬러 사진들

사울 레이터 지음 | 조동섭 옮김

컬러의 방

열한 개의 방, 팔레트 뒤에 숨겨진
색의 이야기 속으로

폴 심프슨 지음 | 박설영 옮김

꽃이 좋은 사람

On
FLOWERS

에이미 메릭 지음 | 송예슬 옮김

꽃이 좋은 사람

누구에게나 하루 한 송이 아름다움이 필요하다

윌북

CONTENTS

ALAS ! t...
To be a...
For all of...
And if 't...
bring...
To them, but mockeries of the past alone.
BYRON.

July 5.

BUT if ye saw that which no eyes can see,
The inward beauty of her lively sp'rit,
Garnish'd with heavenly gifts of high degree,
Much more would ye wonder at that sight,
And stand astonish'd, like to those which r ad
Medusa's mazeful head,
There dwells sweet love and constant chastity,
Unspotted faith, and comely womanhood,
Regard of honour, and mild modesty ;
There Virtue reigns as queen on royal throne,
And giveth laws alone,
The which the base affections do obey,
And yield their services unto her will.
SPENSER.

Mignonette—Excellence.

Iris—" I have a message for you."

July 6.

Go, blushing flower !
And tell her this from me,
That in the bower
From which I gathered thee,
At evening I will be.
PETER SPENCER.

들어가며

독자들에게,

저희 가족의 여름 별장에 있는 낡은 책상 위에는 뭉툭한 연필과 편지, 에메랄드색 잉크로 엘름우드ELMWOOD라고 양각된 미색 종이 뭉치 옆에, 가죽으로 제본된 『탄생화 책The Floral Birthday Book』이 놓여 있습니다. 1876년에 나온 이 책에는 일 년 365일 날마다 다른 각각의 꽃과 그에 어울리는 꽃말과 시구, 수채화가 실려 있습니다. 사랑하는 사람의 이름을 써넣을 수 있는 작은 칸도 마련되어 있죠. 조상들의 생일이 우아한 흘림체로 적혀 있는 이 책은 제 보물이자, 제가 처음 읽은 꽃 책이기도 합니다.

지금 읽고 계시는 『꽃이 좋은 사람』은 화려하고 소박한 꽃, 도시와 시골의 꽃, 여행에서 반한 이국적인 꽃을 감상하는 방법을 하나하나 알리고 싶어 제가 직접 쓴 책입니다. 원래는 꽃꽂이에 관한 책이었으나 자연스레 더 큰 의미를 담게 되었지요. 단순히 꽃꽂이 방법을 알려주기만 하는 것이 아니라 꽃을 바라보는 방법을 폭넓게 이야기하는, 추억과 사색을 엮은 하나의 다발로 생각해주시면 좋겠습니다.

바로 뒤에 나올 글은 수년간 뉴욕에서 꽃 디자이너로, 세계 여러 곳에서 꽃꽂이 강사로 일하며 차곡차곡 쌓은 지혜를 증류해 만든 설명서입니다. 진짜 모험은 그다음부터 시작돼요. 어느 장을 펼치건 꽃을 감상하고 꽂는 새로운 방법이 펼쳐집니다.

『탄생화 책』이 알려준 저의 탄생화는 '파란 붓꽃'입니다. 꽃말은 "당신에게 전할 메시지가 있어"예요. 빅토리아 시대의 감성이 물씬 풍기는 이 꽃말이 어린 시절에는 참 미스터리였습니다. 누가 나에게 메시지를 전한다는 것인지, 메시지 내용은 무엇일지 무척 궁금했지요. 그런데 최근에야 제 탄생화의 꽃말을 다른 시각에서 보게 되었습니다. 메시지란 바로 제가 여러분에게 전해야 하는 거였어요. 저는 그 메시지를 나누려고 평생을 기다려왔습니다. 마침내 여러분 손에 이 책이 닿아 얼마나 기쁜지 모릅니다.

온 마음을 담아,

Amy Merrick

에이미 메릭

꽃꽂이

에이미 메릭

꽃 고르기

꽃 고르기는 꽃꽂이에서 가장 중요한 단계다. 꽃을 고르고 나면 제일 어려운 일은 넘긴 셈이라고 보면 된다. 꽃을 어떤 색깔과 질감으로 짝 맞추느냐에 따라 작업물의 분위기가 달라지고 당신만의 개성을 드러낼 수 있을 것이다. 가장 먼저, 꽃꽂이에 어떤 마음을 담을지 정하자. 하늘하늘 작은 들꽃으로 희미하게 속삭여볼까? 커다랗고 화려한 꽃들로 색채와 대비의 합창을 들려줄까? 아니면 성긴 구조를 만들까? 낭만이 뚝뚝 흐르게 연출한다면? 다음으로 계절, 색깔, 질감을 고려해 바라던 분위기를 자아낼 꽃을 고른다. 꽃도 말을 한다. 당신의 꽃이 어떤 말을 했으면 좋겠는가?

계절

꽃을 사랑한다는 것은 자연을 숭배하는 것이고, 자연을 숭배한다는 것은 계절을 환대하는 것이다. 꽃을 고를 때 바로 이 정신을 기억해야 한다. 그렇지 않으면 어딘가 엇나간 듯한 느낌을 준다. 제철 꽃의 활기와 개성은 무엇과도 비교할 수 없다. 제때 피어난 꽃의 여유로움은 아무리 호화로운 수입 꽃도 따라가지 못한다. 고불고불 엉뚱하게 뻗은 줄기, 독특한 색깔, 묘하게 형성된 잎 무늬, 흔치 않은 품종까지 제철 꽃은 보통 더 신선하고 가치도 높다. 계절은 세계 곳곳마다 다르게 찾아오니, 진짜 제 옷을 입은 듯한 꽃꽂이의 영감은 결국 당신의 관찰력이 물어다 줄 것이다. 창밖을 내다보고 아름다운 것을 발견하기를.

색깔

색깔은 유혹한다. 식물이 지닌 색깔은 꽃가루 매개자는 물론 사람들을 사로잡는 매력이 있다. 당신의 작업물에 내가 선호하는 색깔들을 억지로 입히는 것은 답답할뿐더러 그리 효과적이지도 않을 것이다. 나는 구제 불능으로 변덕스러운 데다 잠깐 스쳐 지나가는 빛깔에도 시선을 빼앗기는 사람이기 때문이다(흰색 꽃만 고집하는 사람들을 보면 솔직히 참견하고 싶을 때가 많다). 일단 여기서는 색깔 팔레트에서 가까이 붙은 색들은 조화를 이루고, 멀리 떨어진 색들은 전율을 일으키리라는 점만 짚고 넘어가겠다. 자연 고유의 무늬 형성이 얼마나 놀라운 조합을 만들어내는지 잘 관찰하고, 미묘한 빛깔 변화와 그것이 자아내는 느낌을 끝없이 실험해보기를 바란다. 참고로 초록색은 자연의 중화제 구실을 한다. 초록색 잎을 많이 쓰면 밝은색 꽃들이 담긴 화병에서 극적인 느낌을 덜어낼 수 있다.

질감

벨벳 같고, 크림 같고, 윤기가 흐르고, 보송보송하고, 바스락거리고, 미끈하고, 쪼글쪼글한 촉각적 질감은 자연에서 누릴 수 있는 호사스러운 즐거움이다. 질감의 대비는 놀라움을 선사한다. 가시 돋은 나뭇가지를 감싸며 늘어진 덩굴식물의 호리호리한 우아함을, 열매 무리가 촘촘히 박힌 꽃들의 폭신함을 떠올려보라. 비슷한 질감을 붙여 놓아도 극적일 수 있다. 레이스처럼 옅은 들꽃들을 큰 다발로 묶으면 뭉게뭉게 핀 구름이 되고, 성긴 줄기는 뭉치로 쓰여야 훨씬 더 효과적이다. 질감은 어떤 꽃꽂이에도 기분 좋은 깊이를 더한다.

화병 고르는 법

화병 고르기는 꽃과 꽃을 담는 그릇의 크기 및 모양 사이에서 균형을 잡는 일이다. 적당한 크기의 화병을 고르려면 직감이 필요한데, 다행히 그 감각은 연습으로 키울 수 있다. 배우기만 하면 이전에 느끼지 못했던 값비싼 와인의 맛을 알게 되는 것과 같은 이치다. 완벽한 화병에 꽂힌 완벽한 꽃은 색깔, 비율, 감성 무엇 하나 빠지지 않고 대등하게 조화를 이루는 균형의 상태를 보여준다.

화병은 정의하기 나름이다. 물을 담을 수만 있으면 말 그대로 무엇이든 화병이 된다. 샐러드 그릇, 골동품, 커피잔, 아기자기한 도자기, 녹슨 양동이, 작은 그릇으로 쓰이도록 뒤집힌 작은 조개껍데기까지, 무엇이든 화병이 될 수 있다. 화병은 애정을 담아 청결하게 관리해야 한다. 티끌 하나 없이 깨끗해야 박테리아를 막을 수 있다.

내가 아끼는 화병은 이런 모양들이다. 완벽한 꽃송이 하나면 충분한 **봉오리 화병**, 세련되고 회화 같은 꽃꽂이에 어울리는 우아한 **받침 화병**, 줄기 몇 대를 띄우거나, 별도 지지물을 사용해 중앙부에 원형 센터피스를 만들 수 있는 **얕은 그릇**, 힘주지 않고 자연스러운 들꽃다발에 제격인 **피처**, 좁은 입구와 소담하게 동그란 몸체가 보기 좋게 단순하고 안정적인 **단지**, 마지막으로 작은 줄기에 어울리는 깜찍한 **미니어처 화병**이 있다.

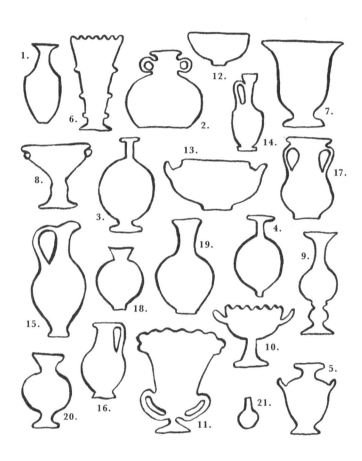

내가 아끼는 화병들

1.- 5. 봉오리 화병 **6.- 11.** 받침 화병 **12.- 13.** 얕은 그릇
14.- 17. 피처 **18.- 20.** 단지 **21.** 미니어처 화병

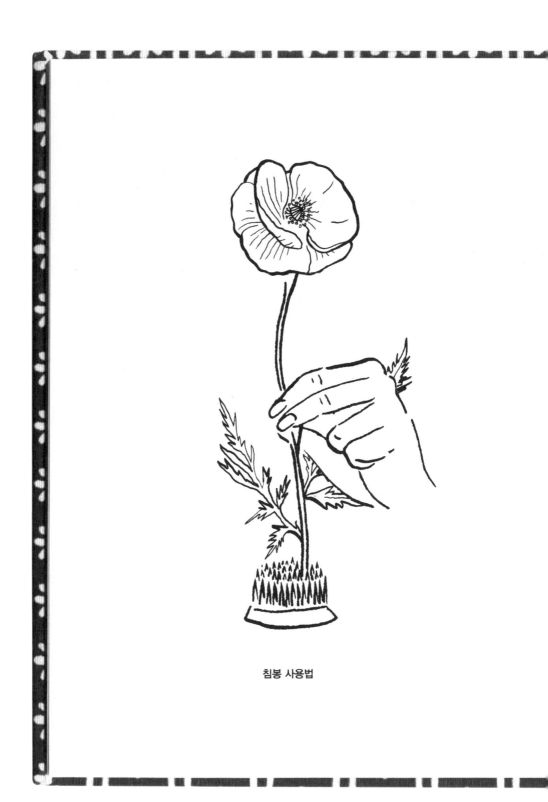

침봉 사용법

꽃 고정대

넓거나 얕은 그릇에 꽃꽂이를 하려면 대개는 별도의 지지물이 필요하다. 줄기가 제힘으로 서 있지 못할 때는 아래 소개하는 밑받침 중 하나를 사용하면 도움이 된다.

천연 재료 불투명한 그릇에 잔가지가 돋은 줄기를 끼워 넣으면 아주 간단하면서도 효과적인 내부 지지물이 완성된다. 서로 얽힌 잔가지들이 거미줄처럼 꽃을 잡아줄 것이다. 가지에 달린 잎들은 작업 전에 반드시 제거한다.

침봉 이 놀라운 물건은 얕은 화병이나 그릇에 어울리며, 다시 옮길 일이 없는 꽃꽂이에 가장 유용하다. 뾰족한 핀 제품이 특히 쓸모가 많다. 벼룩시장이나 마당 세일에서 푼돈에 구할 수 있는 오래된 침봉들은 묵직해서 혼자서도 꽃꽂이를 지탱해준다. 공예품 가게에서 살 수 있는 요즘 침봉들은 꽃 접착제를 사용해 그릇 바닥에 붙여 사용한다. 다음 페이지에 나의 침봉 컬렉션을 소개해두었다.

치킨와이어 사용하기 편리한 이 철망은 입구가 넓은 화병에 제격이다. 동그랗게 뭉치면 제법 튼튼하면서 재활용도 가능한 구조물이 된다. 꽃가위로 철사를 계속 자르면 가위가 망가지므로 철사 절단기를 사용해야 한다.

플로랄 폼은 되도록 사용을 지양하자. 석유 기반 소재로 만들어져 생분해되지 않는 데다 꽃꽂이에 부자연스러운 뻣뻣함만 더한다.

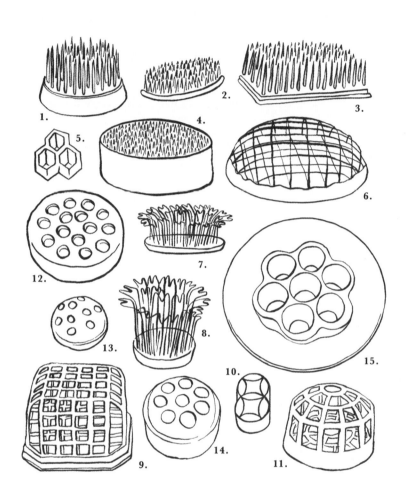

나의 침봉 컬렉션

1.–4. 줄기를 뚫어 고정하는 용도의 핀 고정대(겐잔)
5.–11. 빈티지 금속 철망 **12.–14.** 줄기를 넣도록 구멍이 뚫린 도자기 돔
15. 오목한 그릇에 넣으면 예쁜 유리 받침대

침봉의 종류는 무척 다양하다. 침봉은 일본에서 유래해
일본어로는 '겐잔剣山'이라 불리는데, 풀이하면 '칼의 산'이라는 뜻이다.

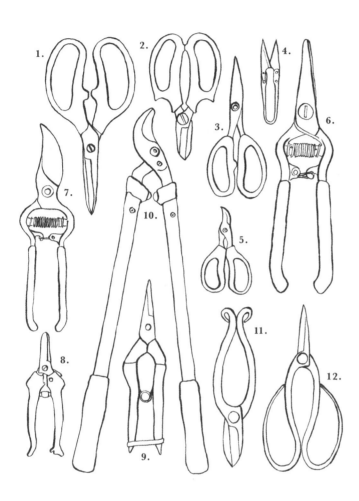

나의 가위 컬렉션

1.– 5. 연한 줄기에 쓰는 꽃가위 **6.– 9.** 나뭇가지나 굵은 줄기에 쓰는 정원용
전지가위 **10.** 큰 나뭇가지에 쓰는 절단기 **11.– 12.** 특별한 때 쓰는 일본식 가위

굳이 멋진 가위는 필요하지 않다. 청결하게 유지하고 날이 무뎌지지 않게 관리만 해주면
어떤 가위든 제구실한다. 개인적으로 나는 이케바나(선과 여백의 미를 강조한 일본식 꽃꽂이— 옮긴이)
용도의 가위를 선호한다. 싹둑 자를 때 종소리처럼 영롱한 소리가 나기 때문이다.

꽃꽂이 과정

1. 재료 준비

2. 구조 틀 잡기

3. 중심 꽃 배치

4. 화려한 장식 더하기

1. 재료 준비 화병을 고른다. 필요시에는 침봉이나 그밖에 다른 지지물을 화병 안에 설치한다. 화병에 물을 채운다. 수면에 잠기는 잎들을 자르고, 꽃꽂이에 방해되는 부분을 쳐내 꽃을 손질한다.

2. 구조 틀 잡기 잎, 가지, 꽃 여러 송이를 활용해 전체 모양을 잡는다. 튼튼한 줄기부터 모양을 잡아 연약한 꽃을 지탱해줄 견고한 받침대를 만든다.

3. 중심 꽃 배치 가장 눈길을 끄는 꽃송이들이다. 시각적이고 물리적인 안정성을 고려해 한 송이는 되도록 화병 테두리에 바로 놓고, 줄기의 길이를 달리해 꽃꽂이에 입체감을 더한다. 중심 꽃들을 다 배치했으면 작은 보조 꽃들로 화병을 채운다.

4. 화려한 장식 더하기 뜻밖의 무언가를 더해 유쾌함과 역동성을 살려보자. 기다란 깃털을 닮은 풀 줄기, 덩굴식물의 덩굴손, 맨 꼭대기에서 살랑이는 작은 꽃송이 두어 개 같은 것들로. 자칫 꽃꽂이에 파묻힐 수 있는 연약한 줄기를 기발하게 활용해 마무리하면, 최종적으로 배치에 변화를 줄 수 있다.

균형과 모양

균형과 모양은 보기 좋은 꽃꽂이를 예술의 형태로 끌어올리는
디자인 원칙의 핵심이다.

균형 배치 감각과 유머 감각을 발휘할 기회다. 전통적인 꽃꽂이
상식으로는 화병 높이의 1.5배에서 2.5배 높이여야 우아한 꽃꽂
이가 완성된다고들 한다. 이 원칙을 반드시 따를 필요는 없지만,
나는 꽃꽂이처럼 즉흥적인 작업을 할 때 굳이 엄격한 규칙에 얽
매이는 어리석음을 즐기는 편이다. 초보자가 화병을 고를 때는
이런 게 도움이 되기도 한다. 고전적인 균형 감각을 일단 학습하
고 나면 언제든 그걸 버리고 자신만의 스타일을 구축해도 좋다.

모양 당신의 전반적인 균형 감각과 운동 감각을 엿볼 수 있는 지
점이다. 튼튼하고 균형 잡힌 일자 줄기로 만든 수직 구조의 꽃꽂
이는 태양을 향해 몸을 뻗치는 것처럼 보인다. 역동적이고 대비
되는 움직임이 살아 있는 비대칭 형태의 꽃꽂이는 산들바람에
흔들리는 꽃을 떠올리게 한다. 받침 화병 속 하강하는 이미지의
꽃꽂이는 암벽을 타고 흐르는 폭포처럼 극적으로 쏟아지는 모
습을 연출한다.

상부 장식 · 상부 초점 · 중앙 초점

중앙 초점 · 하부 뭉치 · 하부 장식

수직 구조 · 비대칭 구조 · 폭포 구조

꽃꽂이 이야기

이제, 꽃꽂이를 어떻게 구상하고 창작하는지 보여주려 한다. 여러분이 나의 작업 과정을 엿볼 기회이기도 하다. 평범한 꽃이어도 신중히 조합하면 특별해진다(벌레가 씹어먹어 구멍이 난 잎사귀도 발견해보시길).

1. 그상하고 아담하게 균형이 잡혔으며 입구가 좁은 이 자고 까만 단지를 나는 무척이나 아낀다. 실제로 자주 사용하는 화병이다.

2. 나무에서 떨어진 노란 **잎사귀**. 매력적이면서 생생한 모양이 마티스의 페이퍼 컷아웃(종이 오리기 기법—옮긴이) 조각을 닮았다. 줄기가 길어 받침대로 활용했다.

3. 탐스러운 봉오리가 하나 딸린 자홍색의 **동백꽃** 한 송이가 내 눈을 사로잡았다. 환한 노란색 잎사귀 옆에 배치하니 강렬한 자홍색이 더욱 도드라졌다. 이것을 중심 꽃으로 정한 뒤, 화병 테두리에 낮게 포인트를 만들어 비대칭적 윤곽의 균형을 맞췄다. 진홍색 잎사귀는 그대로 두었다. 색깔이 초록색이었다면 극적인 색감을 중화했을 테니 떼어버렸을 것이다.

4. 작은 줄기에 달린 분홍색 **국화** 두 송이가 달콤함을 더했고, 보조 꽃송이로서 꼭 필요한 질감의 디테일을 살렸다.

5. 마지막으로 섬세하면서 깔끔한 **가는 가지**를 이용해 화려한 장식의 매력을 덧입혔다. 강하면서도 부드러운 선이 자칫 무거울 수 있는 구성을 산뜻하게 만들었다. 잔가지는 그 자체로 보면 별 것 아닌 듯 보이지만, 이 조합에서는 활기찬 가을의 문장을 끝맺는 느낌표가 된다.

어렵지 않게 꽂아본다.

꽃을 더욱 잘 돌보는 방법

1. 화병과 가위는 반드시 청결하게 유지한다.

2. 정원에서 가져온 꽃이건 꽃집에서 산 꽃이건, 물에 담그기 직전에 45도 사선으로 줄기를 다듬는다.

3. 꽃의 수명을 늘리려면 꽃꽂이 전에 최소 한 시간 이상 물에 담근다.

4. 작약이나 백합 같은 꽃에 따뜻한 물을 오랫동안 먹이면 닫힌 봉오리의 개화를 앞당길 수 있다.

5. 집으로 가지고 오는 사이에 시든 꽃도 되살릴 방법이 있다. 조심히 종이에 싸서 응달에 두면 된다.

6. 화병에는 실내 온도의 물이 언제나 가득 차 있어야 한다. 몇 모금밖에 되지 않는 물만 꽃에 주는 것만큼 쩨쩨한 행동은 없다.

7. 화병의 수면 아래는 성스러운 공간이다. 단 한 장의 잎사귀도 들어가서는 안 된다. 물속 잎사귀는 결국 썩어 화병 물을 박테리아가 득실대는 늪으로 만들 것이고, 꽃의 수명을 단축한다.

8. 화병 물은 매일 갈아준다. 유독한 화학물질인 절화보존제보다 신선한 물이 훨씬 더 나은 선택이다. 특히 집에서는 절화보존제를 쓰지 않는 편이 가장 바람직하다.

9. 완성된 꽃꽂이 작품은 직사광선이 내리쬐지 않는 서늘한 구석 공간에 두어야 가장 오래 보존할 수 있다.

10. 꽃에 따라 화병에서의 삶이 천차만별로 다르다. 금방 시드는 꽃에 악의는 없다. 그러한 꽃 나름의 매력에도 눈을 떠보자.

예민한 꽃을 다루는 비결

국화

국화는 금속제 가위를 좋아하지 않는다. 원하는 길이만큼 손으로 줄기를 잘라보자.

나뭇가지

위를 향해 수직으로 가지를 부러뜨리거나 잘라야 물이 잘 통한다.

장미

연약한 원예 품종의 수명을 늘리려면 줄기를 물에 잠갔다가 재절단하면 된다. 따뜻한 물은 장미봉오리의 개화를 앞당긴다.

양귀비

끓는 물에 줄기 끝 2~3센티미터 정도를 살짝 담갔다가 뺀다. 이렇게 줄기를 지지면 수화 작용이 원활해진다. 하루나 이틀이 지나서도 망설이고 있는 봉오리는 직접 까서 개화해준다.

튤립

금방 산 튤립이 시든 것 같다면 종이로 감싸서 물이 담긴 화병이나 양동이에 수직으로 꽂아 넣어 한 시간 정도 수분을 공급한다.

수선화

수선화를 갓 자르면 끈적한 수액이 나오는데, 이것이 화병 속 다른 줄기의 수명을 단축한다. 꽃꽂이 전에 한 시간 정도 수선화만 따로 물에 담가놓는다.

모래 한 알에서 세계를 보고 들꽃 한 송이에서 천국을 본다.
그대 손바닥에 무한을 쥐고 시간 속에서 영원을 붙들라.
— 윌리엄 블레이크

도시에서

뉴욕이란 도시는 내게 꽃을 주었다. 도시 하면 대개 척박한 콘크리트 황무지를 떠올리지만, 도시의 거리가 아니었다면 아마 내가 식물을 만지는 걸 업으로 삼는 일은 없었을 것이다.

내가 도시에서 깨달음에 이른 사연은 지극히 평범하다. 한때는 문화와 예술, 패션 일을 통해 그런 깨달음에 도달할 줄로만 알았다. 하지만 하이힐 차림으로 파티에 갔다가 드라이클리닝 전용 원피스를 망치는 나날이 부지기수였던 몇 년의 세월 끝에, 패션계에서 치열한 경쟁을 뚫어낼 깜냥이 나에게는 없는 건지도 모르겠다는 생각이 들었다. 그건 내가 옷을 얼마나 좋아하는지와 무관한 문제였다. 나는 그렇게 화려한 일자리를 관두고 미지의 세상으로 모험을 떠났다. 프리랜서로 소품 스타일링을 하고 비정기적으로 글을 쓰며 생계를 꾸려갔다.

도시 생활을 시작한 지 몇 년이 지나자 시골에서 자라며 보았던 녹지가 그리워졌고, 어딜 가나 자연의 흔적을 찾아다니게 되었다. 열심히, 진심으로 찾으면, 멀리 갈 필요 없이 도시에서도 자연을 만날 수 있었다.

시내 블록마다 새가 만들어놓은 둥지부터 제라늄이 흐드러지게 피어난 창가 화단, 보도의 깨어진 틈새 사이로 삐죽 나온 들꽃까지. 드넓은 식물원과 고전미가 넘치는 공원, 동네 곳곳에 자리한 햇볕 잘 드는 대리석 안뜰은 말할 것도 없다. 호텔 로비에는 꽃꽂이 장식이 우뚝 솟아 있고, 미술관에는 값을 매길 수 없이 귀한 꽃그림이 걸려 있다. 비둘기들이 모이를 쪼는 골목길에조차 양동이에 꽃을 넣어 파는 가게들이 수두룩하다. 셀로판지에 싸인 작은 정원은 날씨에 따라 모습을 바꾼다. 도시 사람들이 계절 변화의 첫 조짐을 느끼는 데에는 보통 5달러의 값이 붙는다.

시간을 유연하게 쓸 수 있게 되면서부터 나는 화요일마다 입장료가 공짜인 브루클린 식물원에 빠짐없이 들락거렸다. 블루벨 수풀 바로 옆에 축 늘어진 너도밤나무 아래로 슬며시 들어가면, 푸르게 우거진 잎들이 아늑한 안식처를 만들어주었다.

재미 삼아 꽃꽂이 수업을 듣기로 마음을 먹은 나는 수업을 알아보던 중에 근처 꽃집에서 일주일에 한 번 출근하는 수습 직원을 모집한다는 소식을 접했다. 꽃을 만지면서 돈도 벌 수 있다니. 원체 실용주의자인 나로서는 꽤 좋은 거래 같았다. 수업에 돈을 쓰니 꽃을 한 아름 사는 게 나았다. 기회가 찾아왔다는 예감이 반짝이며 온몸에 기대감이 가득 찼다. 플로리스트로서의 삶은 자연에 끌리는 성향과 미적 스타일에 대한 추구를 둘 다 온전히 만족시켜주었고, 일 년도 채 지나지 않아 나의 3층 아파트는 꽃 스튜디오가 되었다. 욕조에 온갖 식물이 들어찼고 침대에 꽃줄기들이 널브러졌다. 그렇게 꽃을 갈망하는 나의 마음과 꽃을 만지며 일하는 나의 삶은, 도시의 거리에서부터 시작되었다.

AMY MERRICK
FLOWERS

열심히, 진심으로 찾으면, 멀리 갈 필요 없이
도시에서도 자연을 만날 수 있었다.

SIDEWALK FLOWER STANDS

LOOKING AT DOWNTOWN SKYLINE FROM UNDER BROOKLYN BRIDGE, NEW YORK CITY

HERE IS NEW YORK

E. B. WHITE

Author of "One Man's Meat"

MTA MetroCard

Insert this way / This side facing you

아이코닉한 뉴욕시 커피컵에 금빛 물결이 일렁이고 있다. 수선화와 캐모마일.

FINDING FLOWERS

꽃을 찾아서

꽃 시장

꽃 시장은 일 년 내내 다량으로 구매할 수 있는 지역 꽃과 수입 꽃을 인상적으로 진열해놓는다. 일단 현금을 들고 가서 상인들에게 궁금한 걸 물어보자. 가격과 원산지, 꽃 관리법 등이 좋은 출발점이다. 일찍, 자주 방문하면 뭐라도 배우게 된다.

직거래 시장

제철 꽃이 담긴 양동이를 따라 가지각색의 아리따운 과일과 채소가 그림처럼 쌓여 있다. 직거래 시장은 영감과 재료를 주워 담아 오기에 최고의 공간이다. 나는 그곳에서 꽃과 조합할 농산물을 자주 산다. 무심하게 늘어놓은 꽃다발만큼 식탁을 우아하게 만들어주는 것은 없다.

마트

괜찮은 마트에 가면 지역 꽃들로 만든 꽃다발과 깔끔한 분재를 파는 꽃집이 하나쯤 있다. 꽃다발과 엇비슷한 가격에 분재 꽃 화분을 사면 몇 주나 꽃을 즐길 수 있다. 플라스틱 화분을 이끼 묻은 테라코타 화분으로 바꾼 뒤 즐기기만 하면 된다.

꽃집

솜씨 좋은 플로리스트가 도시 속에 만들어놓은 환상의 입구로 들어가면 마법 같은 꽃들의 세상이 펼쳐진다. 플로리스트는 입이 떡 벌어질 만큼 멋진 꽃꽂이 작품을 내놓지만, 가끔 나는 집에서 직접 꽃꽂이하려고 꽃다발을 산다. 완벽한 꽃 한 송이만 살 때도 있다. 버스비가 아깝지 않은 최고의 외출이다.

도시에서 어떻게 꽃을 사랑하고, 아끼고, 발견하느냐고?

구멍가게

값싸고 다채로운 꽃다발이 길을 수놓는다. 신문과 함께 꽃을 고르는 것은 전혀 어려운 일이 아니다. 제철 꽃이 무엇인지 묻고 반드시 신선도를 확인하자. 파릇파릇한 잎, 단단한 꽃잎, 갓 잘린 줄기가 신선하다는 증거다.

공원

공원과 길가 정원에서 꽃을 꺾는 것은 생각 없는 행동이다. 그러고 싶은 유혹이 들 수는 있으나 아무렇게나 꺾어버려 잘린 줄기를 보는 것만큼 나에게는 마음 아픈 것이 없다. 차라리 정원사와 친구가 되어보자. 하마터면 버려질 뻔한 멋진 가윗밥 식물들을 제공해줄 것이다.

골목과 틈새

눈길이 가는 식물이 과연 그냥 자라난 것인지, 아니면 보살핌 속에 즐겁게 지내고 있는 것인지 양심적으로 판단하자. 만약 후자라면, 잘라서는 안 된다! 정말 방치되어 누구도 원치 않는 식물 같다면, 예의 바르고 조심스럽게, 가위로 잘라낸다. 꺾은 흔적이 아예 남지 않을 정도로.

주차장

주차장에 핀 꽃을 꺾기 전에 주차장 주인에게 먼저 허락을 구하자. 수제 쿠키를 들고 간다면 더 좋을 것이다. 나는 이런 식으로 재미있는 이웃들을 많이 사귀었고 그들 대부분은 놀라워하며 적극적으로 도와주려 했다. 지금껏 나의 이러한 채집 시도에 퇴짜를 놓은 사람은 없었다.

당신만의 화분

동네 정원에 자신만의 꽃을 심어 키우거나, 아름다운 창가 화단을 일년생식물로 가득 채워 가끔 손질해주자. 나는 우리 집 3층 비상계단을 그럴싸한 밀림으로 꾸며놓았다. 스위트피가 사다리를 감싸 올라타고, 화분에는 각종 허브가 넘쳐난다.

수많은 거리와 골목을 다녀보자.

평범한 꽃을
더욱 특별하게

1.

셀로판 포장지를 제거한 뒤
꽃들의 분위기에 어울리는 포장지로 바꾼다.

2.

고무줄과 갈라진 줄기를 제거한다.
높이를 조금씩 달리하여 줄기를 하나하나 다시 자른다.

3.

빳빳한 직사각형 포장지를 절반으로 접어
대략 꽃다발 높이 4분의 3이 되도록 한다.

4.

꽃을 포장지 맨 윗부분과 나란히 오게끔 두어
아래 줄기를 노출한다.

5.

한 손으로 포장지와 꽃다발을 한꺼번에 잡고
다른 손으로 뭉치를 고정해가며
포장지가 꽃다발을 감싸도록 굴린다.

6.

저녁 모임에 가는 길, 택시 뒷좌석에 앉아
예쁜 리본이나 화려한 끈으로 꽃다발을 단단히 묶는다
(꽃을 한 아름 들고 나타나면 그 모임에서
가장 빛나는 손님이 될 것이다).

왼쪽 | 시내로 가는 택시를 잡아야 한다면? 작은 카네이션, 데이지, 안개꽃,
아미초를 《뉴욕 타임스》 신문지에 싸서 안고 있으면 된다.

마트에서 산 꽃을 화병에 꽂으니, 마치 1950년대의 멋을 간직한 한 폭의 그림 같아졌다.

보기에는 꽤 고상해 보이지만, 사실은 집으로 가다 들른 공원에서 비둘기 떼에 둘러싸인 채 모은 꽃들이다. 다양한 크기의 카네이션, 빨간색과 산호색의 글라디올러스를 사용했고, 꼭대기에 아이리스 두 송이를 배치에 극적인 느낌을 살렸다. 아이리스를 더할지 말지 고민했었으나, 없었다면 자칫 단조로웠을 것이다. 원래 나는 글라디올러스에 큰 애정이 없었다(내 눈엔 너무 따분해 보였다). 하지만 날마다 새로운 꽃이 마음에 들어오니, 이보다 더 신나는 일이 있을까?

꽃으로 마음을 전해요

언젠가 〈유브 갓 메일〉 같은 고전 로맨틱 코미디 각본을 써보고 싶다. 뉴욕에서 결혼식용 꽃꽂이를 하며 사는 싱글 플로리스트가 남들의 사랑 메모를 옮겨 적으며 이웃들 관계의 깊은 내막을 알게 되는 이야기. 로맨스를 전개하기에 동네 꽃집만큼 좋은 배경도 없다. 플로리스트 여주인공은 진정한 사랑의 문지기 역할을 한다. 플롯은 끝도 없이 만들어낼 수 있다. 아내와 애인에게 줄 꽃을 동시에 사가는 손님. 익명의 구애자인 척 자신에게 꽃꽂이를 선물하는 여자. 밸런타인데이에 뻔뻔하게도 자기 여자 친구에게 줄 꽃다발을 주문하는 플로리스트의 전 남자 친구(고백하자면 마지막 플롯은 자전적인 이야기이다. 살아 있는 사람이건 죽어야 마땅한 사람이건, 등장인물이 전 남자 친구들과 비슷한 구석이 있다면, 그것은 100퍼센트 의도한 것이다).

　　우리의 여주인공은 꽃다발을 선물 받은 적이 한 번도 없다. 플로리스트에게 꽃을 선물하면 안 된다는 것이 이 세상의 암묵적인 법칙이니까. 그는 현관에서 꽃 배달부를 맞이하면 어떤 기분일지 자주 상상하곤 했다. 훅 풍기는 꽃향기를 맡으며 작은 카드를 열어 확인한 뒤 누가 보냈나 궁금해하는 상상. 그러한 일상을 우리의 여주인공은 알지 못한다. 플로리스트에게 그것은 큰 미스터리 중 하나다. 이야기의 결말까지는 아직 떠올리지 못했다. 어쩌면, 플로리스트에게 꽃다발을 보낼 만큼 용감하면서, 사소한 것으로 감동을 줄 만큼 사려 깊은 인물이 등장할지도 모르겠다. 그때까지 나는 각본의 영감을 얻는다 생각하며, 사랑하는 사람들에게 존경의 마음을 담아 계속 꽃을 보내려 한다.

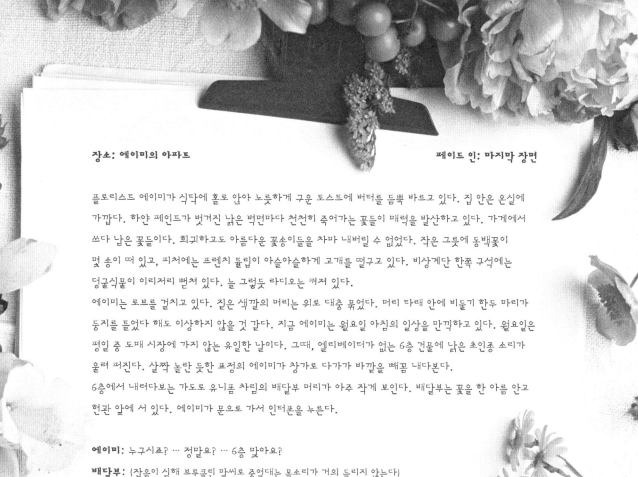

장소: 에이미의 아파트　　　　　　　　　　　　　　　　　**페이드 인: 마지막 장면**

플로리스트 에이미가 식탁에 홀로 앉아 노릇하게 구운 토스트에 버터를 듬뿍 바르고 있다. 집 안은 온실에 가깝다. 하얀 페인트가 벗겨진 낡은 벽면마다 천천히 죽어가는 꽃들이 매력을 발산하고 있다. 가게에서 쓰다 남은 꽃들이다. 희귀하고도 아름다운 꽃송이들을 차마 내버릴 수 없었다. 작은 그릇에 동백꽃이 몇 송이 떠 있고, 피처에는 프렌치 튤립이 아슬아슬하게 고개를 떨구고 있다. 비상계단 한쪽 구석에는 덩굴식물이 이리저리 뻗쳐 있다. 늘 그렇듯 라디오는 켜져 있다.

에이미는 로브를 걸치고 있다. 짙은 색깔의 머리는 위로 대충 묶었다. 머리 타래 안에 비둘기 한두 마리가 둥지를 틀었다 해도 이상하지 않을 것 같다. 지금 에이미는 월요일 아침의 일상을 만끽하고 있다. 월요일은 평일 중 도매 시장에 가지 않는 유일한 날이다. 그때, 엘리베이터가 없는 6층 건물에 낡은 초인종 소리가 울려 퍼진다. 살짝 놀란 듯한 표정의 에이미가 창가로 다가가 바깥을 빼꼼 내다본다.

6층에서 내려다보는 가도로 유니폼 차림의 배달부 머리가 아주 작게 보인다. 배달부는 꽃을 한 아름 안고 현관 앞에 서 있다. 에이미가 문으로 가서 인터폰을 누른다.

에이미: 누구시죠? … 정말요? … 6층 맞아요?

배달부: (잡음이 심해 브루클린 말씨로 중얼대는 목소리가 거의 들리지 않는다)

에이미: (안 믿긴다는 투로) 확실해요?

배달부: (잡음이 섞였으나 확신에 찬 말투)

에이미: 현관 앞 계단에 두세요. 올라오실 필요 없어요. … 그럼 고맙겠어요. … 고마워요.

에이미가 대리석 계단을 찬찬히 내려온다. 로브 차림인 것을 이웃에게 들킬까 봐 조심스럽다. 에이미의 손가락이 오래된 금속 난간에 새겨진 철제 꽃장식을 훑는다.

오버헤드 샷: 1930년대식 아파트 건물의 낡은 계단을 빙글빙글 내려가는 에이미의 손만 화면에 잡힌다. 커지는 설렘. 슬리퍼를 신어 가벼운 발걸음 소리가 빠르게 울린다. 흑백 대리석 층계참에 도착한 에이미가 노란 카나리아색 포장지에 싸인 꽃다발을 발견한다. 가는 흰색 리본으로 묶인 꽃들은 아주 자연스럽게 어우러져 마치 산들바람에 흩날리다 한곳에서 만난 것만 같다. 그러나 분명 누군가가 하나하나 고른 것이리라. 에이미는 얼굴을 붉히며 더듬더듬 카드를 집는다. 카메라 클로즈업. 초록색 만년필 잉크로 다소 헝클어진 글씨가 쓰여 있다.

"날마다 이 도시에 꽃을 선물하는 에이미에게. 뉴욕의 보답이라고 생각해줘요."
얼굴에 번지는 미소. 에이미가 계단을 다시 오를 때 시작되는 〈랩소디 인 블루〉 도입부에 맞춰 꽃들이 　　　　살랑거린다….

-끝-

가제: 꽃으로 마음을 전해요

플로리스트처럼
꽃 선물하는 법

1.

믿을 만한 동네 꽃집을 발굴한다.

2.

꽃 가짓수가 제한적이라면, 제철 품종 하나로만
큰 다발을 만드는 것도 괜찮다. 정체를 알 수 없게
뒤죽박죽인 꽃다발보다 훨씬 세련된 선택이다.

3.

일주일 전에 미리 주문한다.
예산이 얼마인지 밝히고 배달료도 확인할 것.

4.

좋은 꽃집에서 주문하는 거라면 품종에 관해서는
플로리스트의 판단을 믿자. 그날 가장 아름다운 꽃이
무엇인지는 플로리스트가 가장 잘 안다.

5.

받는 사람의 성격이나 상황을 고려해 꽃 색깔이나
분위기를 자유롭게 제안해도 좋다.

6.

특별히 전하고 싶은 메시지가 있다면 메모를 미리
전달한다. 어떤 것은 당신의 글씨로 직접 전해야 한다.

오른쪽 | 직접 고른 단 한 송이의 꽃은 최고로 근사한 꽃다발이 될 수 있다.

34
KODAK PORTRA 400
35
KODAK PORTRA 400
36
KODAK PORTRA 400
22
KODAK PORTRA 400
23
KODAK PORTRA 400
24
KODAK PORTRA 400
25
KODAK PORTRA 400
26
KODAK PORTRA 400
27

손에 든 꽃을 진심으로 바라보는 순간, 꽃이 당신의 세상이 된다.
나는 그 세상을 다른 누군가에게도 주고 싶다. 도시 사람들은
너무 바빠 꽃 한 송이에 눈길을 줄 시간조차 없다. 그래도 나는,
그들이 원하건 원치 않건, 그 꽃을 그들에게 보여주고 싶다.

— 조지아 오키프

도시에서 성공하려면 때로는
목을 내놓아야 하는 법.

맨드라미 줄기 하나가 시멘트 바닥 틈새 사이로
비죽 자랐다. 꽃이 길바닥에 고꾸라지지 않도록
누군가 줄기를 테이프로 고정해두었다.

야생의 존재

방치되어 수풀이 무성히 자란 브루클린의 어느 주차장에 가면 놀라운 것들을 만나볼 수 있다. 무리 지어 피어난 연보랏빛 야생 과꽃, 길쭉한 밀크위드milkweed의 터질 것 같은 봉오리, 철조 울타리를 구불구불 타고 오른 청록색의 작은 개머루들, 틈새를 뚫고 빼꼼 솟아난 아미초까지. 오래전부터 울타리로 가 꽃을 몇 송이 슬쩍 잘라 오고 싶다는 욕심이 났지만, 차마 허락을 구할 용기가 나지 않았다. 나는 원래 다니던 길을 벗어나 세 블록을 내리 걸으며 지상 천국 같은 그 주차장을 탐내듯 바라보곤 했다. 언젠가는 성공하리라 다짐하며, 꾸준히 그곳을 정찰했다.

　　그러나 두려움 때문에, 울타리 때문에 주저하기에 인생은 너무 짧다. 결국 나는 용기를 내어 주차장이 있는 건물 정문으로 갔다. 수풀이 무성한 주차장에 들어가기 위해서였다. 저녁에 있을 파티를 위해 꽃을 좀 꺾어가겠다고 하면, 과연 허락해줄까? 나는 어리바리한 표정으로 움츠러든 채 허락을 구했다. 나를 주차장으로 들여보낸 수위는 내 주변을 서성이다 자신 역시 마음에 드는 보물을 발견했다. 그렇게 우리 두 사람은 작은 발견을 할 때마다 행복한 미소를 지으며 함께 꽃을 잘랐다. 그날 나는 동네 최고의 비밀 꽃집에서 허락받아 뽑은, 꽃다발을 몇 개나 만들 수 있을 만큼의 야생화와 잡초를 가득 안고서 돌아왔다.

오른쪽 | 아스팔트를 뚫고 자라난 야생 양귀비.

10월 말 아무도 찾지 않는 브루클린 길모퉁이에서 모은 골든로드goldenrod, 로즈힙, 과꽃, 클레마티스 이삭, 루드베키아.

길에서 주운 과꽃. 은행잎도 주워야 했다. 둘은 짝꿍이니까.

"Say it with Flowers"

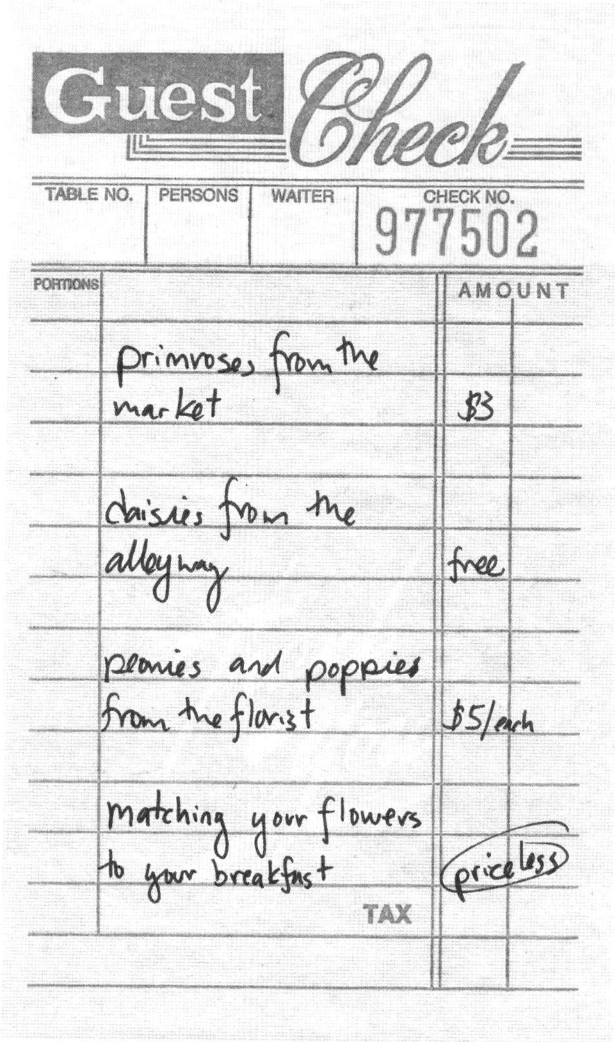

Guest Check				
TABLE NO.	PERSONS	WAITER	CHECK NO.	977502

PORTIONS	AMOUNT
primroses from the market	$3
daisies from the alleyway	free
peonies and poppies from the florist	$5/each
matching your flowers to your breakfast	priceless
TAX	

시장에서 구입한 프림로즈 – 3달러

골목에서 주운 데이지 – 공짜

플로리스트한테서 구입한 작약과 양귀비 – 개당 5달러

아침 식사에 어울리는 꽃들 – 값을 매길 수 없음

품위 있는
약탈자 되는 법

1.

무조건 먼저 허락을 구할 것.

2.

함부로 손대서는 안 되는 구역은 넘보지 말 것.
공원, 앞뜰, 화분, 창가 화단, 도로변 나무 바닥,
차도 중앙 분리대 화단 등.

3.

가위를 사용할 것.
줄기를 손으로 뜯어내거나 잡아당기지 않는다.
잘라낸 흔적을 남겨서도 안 된다.

4.

꼭 사용할 식물만 꺾을 것
(대부분은 예상보다 적게 필요하다).

5.

다정할 것, 절제할 것.
도시 거리에 공짜로 개성을 더해주는
명랑한 식물들이 전부 싹둑 잘려
없어진다면 마음 아플 테니까.

왼쪽 ┃ 윌리엄 스타이그가 작업한 《뉴요커》 표지 속 선량한 도시의 시민들.

대리석 정원

A MARBLE GARDEN

나에겐 오랜 취미가 하나 있다. 꽃을 구경하러 홀로 박물관 나들이를 하는 것이다. 어떤 그림과는 오래도록 사귀었는데 가끔은 현실 로맨스보다도 오래갔다. 나들이 가는 오후에는 꼭 사랑스러운 원피스를 차려입고 근사한 신발을 꺼내 신는다. 무척이나 우아한 애인을 만나러 가는데 대충 갈 수 없기 때문이다. 박물관의 대리석 바닥에 가죽 밑창이 또각거리는 소리는 단언컨대 내가 가장 사랑하는 대도시의 소리 중 하나다. 졸졸 흐르는 개울물 돌다리를 폴짝 뛰는 것 같아서다.

어린 시절 체서피크만에 있는 가족 농장에서 차를 타고 한 시간이면 도착하는 워싱턴 D.C 스미소니언 박물관에서 그렇게 거닐던 기억이 지금도 생생하다. 박물관 복도를 걷는 엄마의 꽃무늬 치마가 하늘하늘 공중을 떠다녔고, 동생과 나는 그 뒤를 쫓았다. 푹푹 찌는 여름날에는 공부할 겸 에어컨 바람을 쐬러 박물관을 찾았고, 찬바람이 살을 에는 겨울에는 삭막해진 세상에서 그림을 보며 온기를 찾았다. 우리는 탐험가의 열정을 품고서 갈 수 있는 모든 박물관을 찾아다녔다. 작품 하나하나를 눈에 담으며 각자만의 대단한 미술 컬렉션을 채워갔다. 박물관을 나설 때 엄마가 "좋아, 딸들. 오늘은 뭘 고를래?" 하고 물으면, 우리는 각자 마음에 드는 작품 하나씩을 골랐다.

엄마 덕에 나는 요즘도 좋아하는 작품들을 마음속으로 헤아리며 박물관을 활보한다. 모네의 그림에는 오렌지색과 조화를 이룬 연한 라벤더색이 잔잔한 수련 연못 위를 떠다닌다. 모네가 보여주기 전까지, 나는 그러한 빛깔의 조합이 그토록 감미로운지 몰랐다. 이파리 뒤에서 커다랗고 환상적인 열대 꽃들이 얼굴을 내미는 앙리 루소의 정글 그림을 보고 있으면, 어느새 내 마음은 아마존으로 떠나 야생 난초와 감각적이고 탐스러운 이파리들로 꽃꽂이하고 싶다는 열망에 사로잡힌다. 마티스의 테이블 그림에는 화사한 도자기와 천이 나온다. 밝은 색깔의 꽃, 줄무늬 천, 과일, 그리고 그 옆에서 에드워드풍 가운 차림으로 테이블에 기대 햇살을 받으며 커피를 따르는 나. 꽃 그림은 금박 액자에서 꺼내 우리의 세상으로, 우리 각자의 테이블로 데려올 때 가장 빛이 난다.

나의 꽃 몽상은 패션계에 종사하는 어느 사랑스러운 고객의 전화 한 통으로 현실이 되었다. 메트로폴리탄 미술관에서 파티가 열린다고 했다. 코스튬 인스티튜트가 주최하는 〈펑크: 카오스부터 쿠튀르까지〉 전시회의 개막을 축하하는 파티였다. 경건한 유럽 조각 전시장이 파티를 맞아 휘황찬란하게 변신할 예정이었다.

분위기에 맞춰 파격적인 꽃꽂이를 만드는 것이 나의 일이었다. 죽은 꽃만큼 펑크한 것은 없지 않을까? 한 폭의 그림 같은 영국식 정원이 황폐해져, 비비안 웨스트우드가 표현한 미스 하비샴(찰스 디킨슨 소설『위대한 유산』의 등장인물로, 사랑에 배신당한 아픔을 간직한 채 세상과 단절되어 외딴 저택에서 웨딩드레스를 입고 살아간다 ─ 옮긴이)의 맹렬하고 사나운 아름다움을 뿜어낸다면. 마구 뒤엉킨 가시덤불, 한데 모여 웅덩이를 이룬 꽃잎들, 검은색 밀랍 방울로 얼룩진 나뭇가지 모양 촛대와 그걸 조이는 덩굴식물 같은 것들로 고전 낭만주의의 뿌리를 보란 듯 망가뜨린 공간을 만들고 싶었다.

5월 초였으니 마침 작약이 제철이었다. 벨벳처럼 부드러운 장미도 막 물들던 때였다. 죽은 꽃이 신선한 꽃 못지않게 돈이 든다는 것을 고객에게 설명하느라 얼마나 웃었는지 모른다. 죽은 꽃을 만들려면 일단 생화를 사서 시간의 마법에 걸릴 때까지 기다리는 수밖에 없었다. 나는 미리 꽃다발을 만들어두었다. 예년보다 일찍 시작된 더위 덕에 다행히도 꽃은 일찍 시들었다. 그래도 마지막에는 최대한 부패하도록 화병에서 물을 비워내야 했다. 밴을 타고 박물관까지 가는 길은 그야말로 공포였다. 작약이 터져버리진 않을까, 장미가 흩어지지는 않을까, 도착하고 보니 꽃송이가 다 떨어져 살점 하나 없는 뼈다귀처럼 줄기만 남아 있으면 어떡하나 겁이 났다. 우리는 지하의 비밀 통로를 지나 박물관 깊숙한 곳까지 조심히 이동했다. 그리고 마침내, 꽃의 마법이 시작되었다. 나의

작품, 그러니까 죽었지만 신성한 꽃들이 박물관 홀을 꾸몄다. 핏빛의 작약 꽃송이들이 테이블에 흩뿌려졌고, 검은 벨벳 같은 장미들이 찢긴 테이블보를 할퀴며 키스했고, 들장미 덩굴이 밀랍 범벅인 나뭇가지 모양 촛대에 뒤엉켰다. 매듭으로 묶인 꽃과 덩굴식물은 시든 것들의 낭만과 환란을 보여주었다. 정점은 내가 집에서 챙겨온 검정 쓰레기봉투에서 나왔다. 그 안에는, 아파트 뒷골목의 철조망 울타리에 얽혀 있던 서양담쟁이덩굴 한 뭉치가 있었다. 억센 줄기에 브루클린 거리의 먼지가 고스란히 묻어 있었다. 복슬복슬한 빨판으로 뒤덮여 꼭 커다란 지네 다리 같았다. 정체를 알 수 없는 먼지가 뉴욕 최상층의 파티 테이블을 수놓다니. 나만의 펑크적 순간이었다. 그 잎에 다른 게 묻었을지 또 누가 안담?

해가 저물고 검은 양초가 켜졌을 때, 우리는 파티장을 슬그머니 빠져나와 고대 그리스풍의 텅 빈 홀을 통과했다. 꽃을 다루는 한 무리의 추방자들처럼. 정문으로 쏟아져 나온 우리는 차가운 회색 화강암 계단을 내려가 82번 스트리트 모퉁이로 향했다. 센트럴파크 너머로 해가 뉘엿뉘엿 지고 있었다. 다시 나온 거리. 푸른 밤공기. 5번가를 쌩쌩 지나는 택시들. 반짝이는 가로등. 이 모든 것이 대리석 정원에서의 어느 황홀한 저녁을 완성했다.

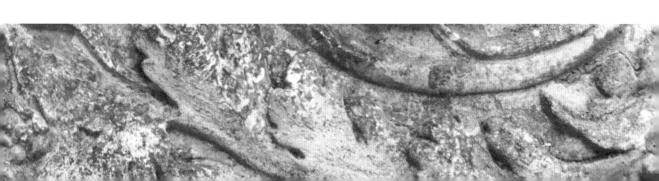

피에르 보나르의 〈미모사가 있는 스튜디오〉 복제화를 꽃 시장에 챙겨가 그것과 어울리는 꽃을 골랐다.
고른 꽃은 아이슬란드 양귀비, 프리틸라리아, 버터플라이 라넌큘러스다.

MUSEUMS

For Flower Lovers

꽃 애호가를 위한 박물관

하버드 자연사 박물관 유리 꽃 전시장

미국 매사추세츠주 케임브리지

이 빅토리아풍의 풍성한 갤러리는 감동적으로 빼어난 컬렉션을 자랑한다. 19세기에 제작된 실물 같은 유리 꽃 표본이 1천 점 가까이 있는데, 레오폴드 블라슈카와 루돌프 블라슈카가 연구를 위해 핸드 블로잉 기법으로 만든 것들이다.

뉴욕 식물원 메르츠 도서관 아트 갤러리

미국 뉴욕주 브롱크스

뉴욕 식물원이 소장한 광대한 식물 그림과 표본 컬렉션은 원예에 애정이 있는 사람들의 종착지다. 갤러리에서는 찰스 다윈의 자연 관찰 노트, 조지아 오키프의 그림 등을 소개하는 순환 전시가 열린다.

정원 박물관

영국 런던

타의 추종을 불허하는 골동 원예 도구, 그림, 꽃 수집품을 소장한 런던 정원 박물관은 영국 원예의 과거와 현재를 모두 품은 공간이다. 고급스러운 갤러리를 거닐며 댄 피어슨이 디자인한 정원의 고요함에 흠뻑 빠져보자. 정원에는 16세기 유명 박물학자인 존 트레이즈켄트의 무덤도 있다.

나미카와 칠보 박물관

일본 교토

작은 꽃들이 있는 이 작은 박물관은 19세기의 칠보 장인 나미카와 야스유키의 작업실이자 집이며 정원이었던 곳이다. 나미카와 야스유키는 섬세하고 작은 법랑 화병에 꽃을 그려낸 것으로 유명하다. 구부린 와이어로 하나하나 테두리 지어진 꽃잎은 크기가 연필 촉보다도 작다.

이사벨라 스튜어트 가드너 박물관

미국 매사추세츠주 보스턴

실물 크기의 아름다운 인형 집처럼 꾸며진 고혹적인 박물관과 정원. 자연이 만들어낸 사운드트랙처럼 카나리아들이 지저귀는 소리는 덤이다. 건물 발코니에서 6미터 넘게 늘어진 황홀한 한련은 세계적으로 유명하다.

노이에 갤러리

미국 뉴욕주 뉴욕

이 보석 같은 박물관은 아마도 세상에서 가장 우아하게 꾸며진 공간일 것이다. 오스트리아와 독일의 탁월한 미술 컬렉션을 구경하는 것도 좋지만, 시간을 내어 웅장한 로비의 꽃꽂이도 감상하자. 이곳에 딸린 카페 사바스키에서 비엔나커피와 케이크를 먹는 것은 내가 가장 좋아하는 시내 데이트 코스다.

큐의 마리안 노스 갤러리

영국 서리주 리치먼드

이 놀라운 갤러리에는 빅토리아 시대의 용맹한 여행가이자 식물 화가였던 마리안 노스가 영국 땅에서 본 화려한 열대 꽃 그림들이 전시되어 있다. 벽에는 그녀가 세계를 탐험하며 수집한 꽃 관련 기념품이 빼곡하다.

네즈 미술관

일본 도쿄

이 화려한 미술관에는 보물이 하나 있다. 17세기 화가 오가타 고린이 만든 판 병풍은 일본 국보로, 금칠 연못을 떠다니는 붓꽃을 그려 놓았다. 방문한다면 바깥 정원 길을 따라 붓꽃이 있는 연못을 감상한 뒤 찻집에서 말차를 마시기를 추천한다.

길가의 여인

집의 여인

위 | 수국 줄기 한 대, 밖에서 주워 먼지가 쌓인 쥐똥나무 가지 하나, 플로리스트에게서 구매한 연보라색
클레마티스를 화병에 꽂았다. 그러나 이 꽃꽂이를 완성한 주인공은, 시계꽃 한 방울과 아미초 왕관이 아닐까?
오른쪽 | 책 사이에 끼워 말린 아미초 압화

WHEN

PLACED

IN A

SMALL

VASE,

A

SINGLE

WHITE

CYCLAMEN

IS

A   POEM

WITH

WINGS.

하얀 시클라멘 한 송이를 작은 화병에 꽂아두면 날개 달린 시가 되지요.

들꽃으로 살아간다는 것은 도시의 삶과 제법 비슷하다. 다른 꽃들 사이에 끼여 살고, 벌은 끊임없이 윙윙대고, 모두 한 자리를 차지하려고 서로를 밀쳐대는 삶. 경쟁은 치열하고, 사생활은 포기해야 한다. 풀밭에서의 삶은 정말이지 대도시의 삶과 닮았다. 그러나 그런 혼란 속에서 공동체는 만들어지고, 얽히고설킨 뿌리와 줄기가 서로를 지탱한다. 어쩌면, 산들바람에 흔들리는 들꽃에게 도시의 거리는 집 같은 건지도 모른다.

CITY THINGS TO DO

도시에서 해야 할 것들

길을 건너기 전 좌우를 살펴 감상할 꽃이 있는지 확인하기

식물을 가까이하기

머릿속에 미술 컬렉션을 차리기

오래도록 산책하고, 되도록 공원을 지나 걷기

창가에 꽃다발 두기

남의 집 창가에 놓인 꽃을 본다면 웃어주기

공원에서 새들을 구경하기

야외에서 디너 파티 열기

지하철에 꽃 들고 타기

안 될 것 없으니, 자정에 먹을 것 주문하기

택시 운전사와 대화하기

온갖 날씨에 나가 걷기

겨울에 식물원 가기

가끔은 과하게 팁을 남기기

자원하여 동네 정원을 돌보기

창턱에 늘 허브를 두기

아주 멋스러운 케이크 먹기

기차에서 책 읽기

컨테이너 정원 만들기

동네 플로리스트와 아는 사이 되기

꽃으로 마음 전하기

THE

COUI

IN

시골에서

NTRY

고백하자면 나는 시골 쥐다. 뉴욕에 살면서도 어쩔 수 없이 시골 사람이다. 대도시의 즐거움으로 시골 소녀의 마음을 흔들 수는 있어도 패치워크 퀼트와 갓 구운 파이, 들꽃다발에 끌리는 취향을 지우기란 어렵다. 도시에서 플로리스트로 일하다 보면 고리버들 바구니에 나의 꽃들을 가득 담고 잡지 촬영장에 갈 때가 있다. 그럴 때면 시내 거리에도 시골 바람이 부는 것 같다. 나에게 꽃을 준 것은 도시지만, 애초에 꽃을 사랑하도록 가르친 것은 시골이었다.

새벽에 맨발로 무성한 정원을 거닐며 발가락을 간지럽히는 풀잎을 느끼는 순간, 목덜미를 가려주는 밀짚모자를 쓰고서 풀밭을 걸으며 길쭉한 풀 머리를 손으로 쓰다듬는 순간, 의심의 여지 없이 시골과 사랑에 빠지게 된다. 꽃 농장에서 양동이 가득 꽃들을 고르고, 길을 지나다 들꽃 몇 송이를 모아 다발을 만드는 것은 시골에서만 느낄 수 있는 즐거움이다. 나무 아래 긴 테이블을 가져다 놓고 기회가 될 때마다 야외에서 저녁을 먹는 즐거움도 빼놓을 수 없다. 나는 뉴햄프셔 시골에 있는 우리 가족의 무질서한 여름 별장이 늘 그립다. 나와 꽃이 만나는 접점 한가운데 바로 그곳의 풍경이 자리잡고 있다.

도시에서 플로리스트로 일한 지 여러 해가 지났을 때 자연을 좀 더 깊이 이해하고 싶어졌다. 그런데 그 이해는 오직 야외에서만 풍성해지는 듯했다. 나는 창조적 표현과 상업적 성공의 원천으로 꽃을 경험했으나, 두 손으로 흙을 어루만져야만 도달할 수 있는 차원의 친밀감이 따로 존재한다는 것을 잘 알았다. 때마침 좋은 친구이자 든든한 꽃꽂이 작업 어시스턴트인 시리가 일주일간 자기 가족의 꽃 농장에 나를 초대했다. 그 여행으로 내 인생의 경로가 달라졌다.

워싱턴주 바닷가 작은 섬에 있는 시리네 농장은 진짜 자연으로 돌아가는 삶이 무언지를 보여주었다. 우리는 장작불로 매일 식사를 준비했고 별빛 아래에서 야외 목욕을 했다. 그곳의 꽃들은 어디 비할 데 없이 최고였다. 시리 가족의 따뜻함과 너그러움 역시 부족함이 없었다. 나는 여태껏 열심히 쌓아왔던 꽃꽂이 일을

잠시 멈추고, 시리네 농장에서 함께 일하기로 했다. 나라는 화병을 비워 신선한 물을 다시 채우는 과정이었다. 나는 꽃과 다시 사랑에 빠지고 싶어 시골로 돌아갔으나, 시골은 내가 나의 삶과 다시 사랑에 빠지도록 만들어주었다.

나에게 꽃을 준 것은 도시지만, 애초에 꽃을 사랑하도록 가르친 것은 시골이었다.

All *Flowering Plants*
NEED TO BE
WATERED DAILY
IF VERY DRY SUBMERGE THE
POT IN WATER FOR TEN MINUTES

U-PICK FLOWERS
ARE
READY

THE PEA FAMILY
(Leguminosae)

ORNAMENTAL
Sweet Pea, Lupin
Laburnum

CUT
FLOWERS

BY

시골 꽃이라고 전부 뜰에서 자라는 것은 아니다.
이 종이꽃들은 리비아 세티의 『손에서 피어나는 정교한 종이꽃The Exquisite Book of Paper Flowers』에서 영감을 받아 내가 만든 것이다.

EDIBLE FLOWERS

먹거나 장식하는 꽃들

보리지

파란색 또는 흰색의 예쁜 별 모양으로 피어나는 이 허브꽃은 연한 맛이 나며 통째로 먹기도 한다. 설탕을 입힌 빵 요리에 얹으면 특히 예쁘다.

금잔화

부드럽고 노릇한 금잔화 꽃잎은 식용해도 괜찮다. 맛은 거의 나지 않지만, 장식 효과는 최고다.

카네이션

카네이션 꽃잎은 마늘처럼 톡 쏘는 향이 나며, 낱장으로 떼어 사용하면 드레싱 샐러드의 맛을 살려준다.

캐모마일

신선한 캐모마일 꽃을 끓는 물에 우려내 만든 차는 잠들기 전 긴장을 완화하는 데 도움을 준다.

차이브 꽃

허브로 쓰이는 차이브의 보라색 꽃은 샐러드 또는 파속 식물의 은근한 아삭함이 필요한 요리에 잘 어울린다. 물에 우리면 예쁜 분홍빛 식초가 된다.

국화

국화의 꽃과 잎은 일식에서 샐러드와 채소 요리에 허브 풍미를 살리는 재료로 쓰인다.

수레국화

미묘한 파란색, 보라색, 흰색의 수레국화꽃은 은은한 맛을 내므로 낱개로 떼어내 달콤하고 풍미 있는 요리에 뿌리면 좋다.

원추리

크기로 보나 맛으로 보나 호박꽃을 닮은 원추리꽃은 통째로 먹을 수 있으므로 샐러드에 넣거나, 리코타치즈와 섞거나, 가볍게 팬에 구워내면 좋다.

어린아이에게 꽃을 건네면 십중팔구 입속으로 가져간다.

패랭이꽃

카네이션의 작고 얌전한 여동생 같은 패랭이꽃은 꽃잎을 낱개로 떼어서 디저트와 입가심 요리를 꾸미는 데 쓸 수 있다.

제라늄

제라늄 꽃잎으로는 샐러드, 디저트, 입가심 요리를 장식한다. 향이 좋은 제라늄 오일은 빵 요리의 품격을 높여준다.

라벤더

풍미가 뛰어난 허브 라벤더는 꽃송이와 에센셜 오일 모두 디저트와 함께 굽거나 음료에 섞어 마시기에 좋다.

라일락

라일락 꽃송이를 설탕에 절여 디저트에 올리면 은은한 향이 잘 보존된다.

마리골드

단 한 송이만으로 놀라우리만치 강력한 허브의 효과를 낸다. 따라서 풍미 있는 요리와 가장 잘 어울린다.

한련

한련화는 통째로 샐러드에 곁들이면 매큼하고 맛있는 재료가 된다. 한련의 잎은 다른 풀 채소와 섞으면 좋은 감촉과 부드러운 식감을 더해준다.

팬지

팬지의 커다란 꽃잎은 디저트나 풍미 있는 요리에 훌륭한 포인트가 되어주며, 쇼트브레드 쿠키에 올려 구워도 보기에 좋다.

장미

설탕에 조려 반짝이는 장미꽃잎은 모든 디저트에 로맨틱함을 더한다. 장미 물은 중동 지역에서 오래전부터 디저트의 재료로 쓰였다.

해바라기

해바라기의 커다랗고 노란 꽃잎을 풀 채소 샐러드에 넣으면 여름의 맛이 한결 살아난다. 해바라기 꽃잎은 씨앗처럼 살짝 견과류 맛이 돈다.

제비꽃

통째로 먹을 수 있는 제비꽃을 샐러드에 끼웠으면 매력이 더해진다. 설탕에 조려 단 음식을 장식하는 데 쓸 수도 있다.

보기 좋은 것이 먹기에도 좋지 않을까 하는 충동을, 나는 온 마음으로 이해한다.

생일 케이크

내가 태어난 날 엄마는 나를 위해 케이크를 구웠다. 내 생일을 축하하는 케이크였다. 나는 얼른 세상에 나오고 싶었다. 엄마가 병원에 갈 새도 없이 모든 일이 눈 깜짝할 사이에 벌어졌다. 엄마는 갓 태어난 나를 아기 바구니에 눕힌 뒤 조리대 위에 두었다. 그리고 달걀을 깨트렸고, 반죽을 저었고, 거침없이 프로스팅을 퍼 발랐다. 그날 밤 엄마의 몇몇 친구와 가족이 찾아와 나의 생애 첫날을 축하하는 즉흥 파티를 열었다(그 케이크는 당근 케이크였고, 그 옆의 나는 마냥 작은 부스러기였다).

오른쪽 | 누구나 홈메이드 생일 케이크를 받아볼 자격이 있다. 이 케이크는 '바이올렛 케이크 베이커리'를 운영하는 친구 클레어 프탁이 나를 위해 만들어준 것이다. 내가 그 위에 팬지, 야생 사과나무꽃, 장미를 뿌려보았다.

손수 꽃을 따는 일의 기쁨

직접 딴 꽃과 가게에서 산 꽃다발은 미묘하지만 확실히 다르다. 꽃을 모르는 사람들은 눈치 못 채겠지만, 우리는 손수 딴 꽃들에 산들바람처럼 부는 타고난 자연스러움을 알아볼 수 있다. 손수 꽃을 따는 것은 시골의 예술이다. 나는 자주 그 일을 한다. 이른 아침 파자마 차림으로 나가 한 손에는 가위를, 한 손에는 김이 모락모락 나는 커피 잔을 들고, 이슬이 내려앉은 땅을 활보한다. 집 뜰로 나가 새로 피어난 꽃을 확인하는 것은 화병을 채우는 최고의 방법이다(날마다 새로운 꽃을 발견하게 된다).

체험 농장에 가면 직접 잘라 갈 수 있는 꽃들을 양동이째 살 수 있다. 여느 농산물처럼 줄기마다 가격이 매겨진다. 묘목장에서도 정원에 둘 꽃식물을 파는데 나는 주로 꽃꽂이용을 거기서 구매하는 편이다. 미리 만들어진 꽃다발보다 싼 데다 향긋한 제라늄이나 베고니아를 필요한 만큼만 몇 대씩 잘라 구매할 수 있기 때문이다. 시골길 구석에서 모은 식물은 그 안에 야생을 품고 있어서 아주 소량이어도 화병에서 커다란 존재감을 발휘한다. 시골에서 나는 항상 주머니에 가위를 챙겨 다닌다.

손수 딴 꽃은 홈메이드 케이크와 비슷해서 가게에서 산 것보다 훨씬 더 매력적이다. 비실비실 꼬인 줄기와 벌레에 물린 잎사귀는 돈으로 살 수 없으며 제철의 자연에서만 만날 수 있는 깜짝 재료다. 시골에서는 그저 손에 잡히는 것으로 꽃꽂이하면 된다. 시골에서 만든 꽃다발은 정원처럼 씩씩하고 자생적으로 자라나 장소와 순간의 정수를 담아낸다.

오른쪽 | 마당 세일에서 건진 청자 화병에 각양각색의 발랄한 들꽃을 담았다. 꼿꼿한 느낌이 사랑스러운 꽃다발에 세련됨과 재치를 더해준다.

꽃을 따는 방법

1.

뙤약볕이 내리쬐는 한낮을 피해 이른 아침이나
저녁에 줄기를 자른다.

2.

시원한 물이 든 양동이나 병을 옆에 두고서
자른 줄기를 바로 물에 담근다.

3.

해바라기, 백일홍, 달리아처럼 줄기 한 대에 한 송이만
달리는 품종은 만개했을 때 잘라야 한다.
잘려서 화병에 꽂히고 나면 더는 꽃이 피지 않는다.

4.

백합, 과꽃, 델피니움처럼 줄기 한 대에 여러 송이가
무리 지어 달리는 품종은 개화 중일 때 따도 무방하다.
화병에 꽂힌 후로도 계속 개화할 것이다.

5.

다정할 것, 절제할 것.
도시 거리에 공짜로 개성을 더해주는 명랑한 식물들이
전부 싹둑 잘려 없어진다면 마음 아플 테니까.

6.

줄기 길이를 달리 자르면
자연 꽃꽂이의 절반은 이룬 셈이다.

왼쪽 | 정원에서 갓 따온 다채로운 색깔의 식용 꽃들.

농장에서 만든 다발: 디기탈리스, 마리골드, 양귀비,
카네이션, 커다란 아티초크 잎사귀 한 장.

절메디의 그림.

우연히 발견한 엽서 속 제너스 로저스가
찍은 달리아 농부 앨빈 토드.

색깔에 관해서 영향을 주는 나비 일람표.

해바라기는 첫 만남부터 숨기는 것이 없다.

단순하면서도 행복으로 충만한 모습이 완벽하게 시골 느낌이다. 우아한 공간에 놓기에는 다소 투박해 보이지만, 새들을 유혹하듯 탐스러운 씨앗들이 박힌 이 특별한 꽃들은 꼭 화폭에서 튀어나온 것 같다. 언제나 하늘을 향해 고개를 들고 있는 해바라기의 얼굴은 태양의 기운을 담고 있다. 나는 해바라기를 꼿꼿이 두는 것을 좋아한다. 애초에 그렇게 자라난 꽃이니까. 대신 봉오리, 꽃송이, 씨앗의 형태와 크기를 다양하게 섞는다. 분명 반 고흐도 이 비밀을 알고 있었다고 믿는다.

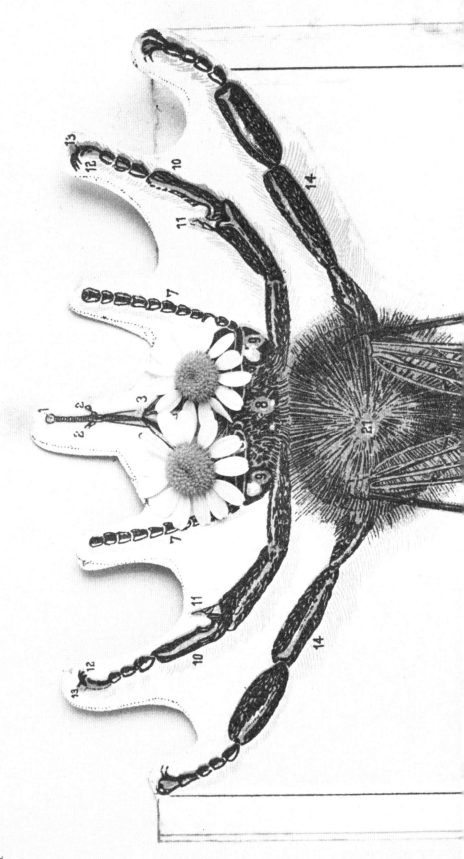

1908년 카셀 출판사에서 출간한
『자연 책The Nature Book』에 실린 벌.

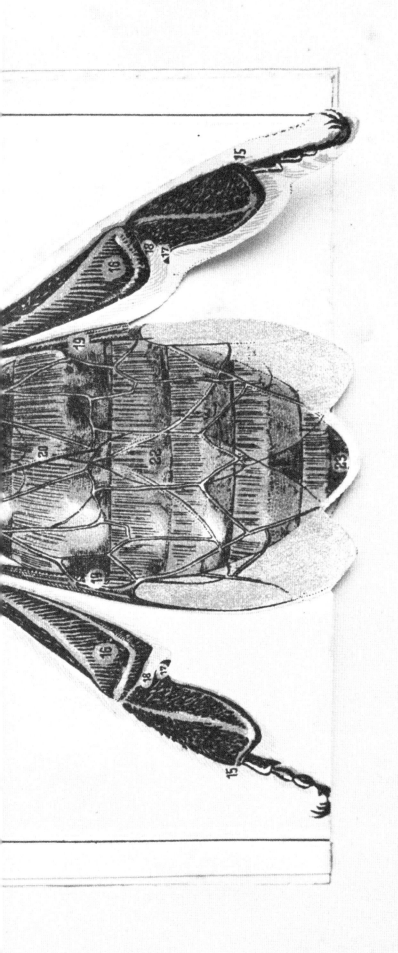

위 | 시리네 꽃 농장의 '더블 클릭' 코스모스.
왼쪽 | 침봉을 사용해 반점이 핀 디기탈리스와 주름진 코스모스를 그릇에 꽂았다.

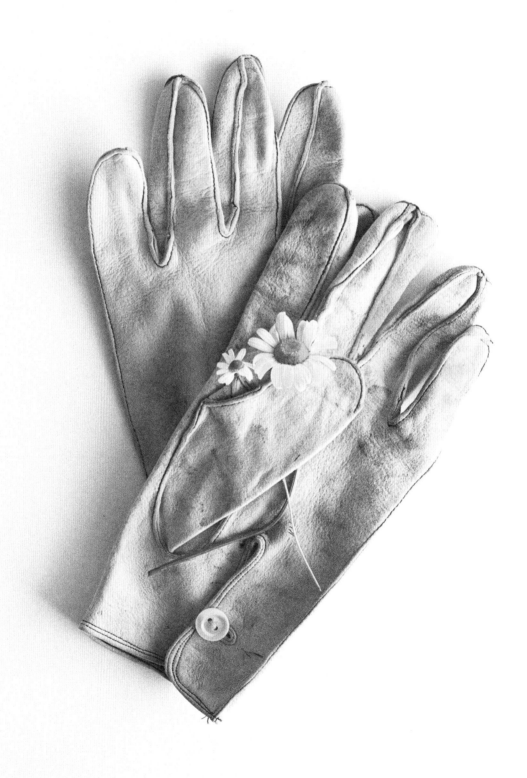

꽃 농장에서

시골 생활이라고 하면 완벽하게 목가적인 풍경을 떠올리기 쉽다. 하지만 현실을 아는 사람이라면, 시골 생활을 꽃피우는 것이 고된 노동임을 잘 알 것이다. 도시의 꽃 스튜디오를 정리한 뒤에 나는 친구 시리네 가족의 꽃 농장으로 가 일했다. 길게 뻗은 흙길 옆 오두막에서 생활하는 동안은 배나무 아래서 목욕했고 장작 난로에다 물을 덥혔다. 어느덧 나는 농장 생활의 리듬에 푹 빠져들었다. 꽃을 수확하고 백일홍, 달리아, 해바라기, 금어초가 심긴 화단을 오가며 수레를 날랐다. 시리네 가족과 함께, 소박하지만 기가 막히게 맛 좋은 저녁을 먹었고, 겨울이 되면 내다 팔려고 말리는 꽃다발이 주렁주렁 달린 서까래 아래 식탁에 둘러앉아 오래도록 즐겁게 보냈다.

　　허리가 쑤셨고 콧잔등에는 주근깨가 생겼다. 그러나 천천히, 내 눈에 꽃이 다시금 반짝이기 시작했다. 일주일 중 내가 가장 좋아하는 날은 직거래 시장에 가는 날이었다. 내가 직접 고르고 꽃꽂이한 꽃다발들을 보기 좋게 진열할 기회였다. 내 안의 도시 사람은 깔끔한 원피스를 차려입고 소도시 경치를 구경하는 것도 무척이나 좋아했다. 내가 만든 부케를 뉴욕에서 팔면 250달러부터 시작이었지만, 직거래 시장에서는 단돈 12달러에 팔았다. 달라진 것이라곤 생략한 실크 리본과 도시 부동산값뿐이었다. 솔직히 말하면, 시골에서 만든 부케가 더 멋졌다. 나는 농장을 돌아다니며 온갖 희귀한 것들을 모았다. 이를테면 야생 블랙베리 또는 자칫 경직되어 보일 수 있는 줄기들에 신선함을 불어넣는, 가냘픈 풀 몇 가닥 같은 것들. 지금껏 만든 작업물 중에서 나는 그런 꽃다발들을 가장 아낀다. 그것들이 주방 식탁에 자리를 잡아 이웃들 간의 수다와 커피를 마시며 나누는 아침 담소 속에서 감탄의 대상이 되는 것이 좋다. 그건 시골 꽃다발의 기분 좋은 운명이자, 플로리스트였다가 농장 소녀가 된 사람이 시골 생활을 만끽한 보람이다.

왼쪽 | 거의 매일 잊어버리는 바람에 챙기지 못했던 원예 장갑. 나는 그냥 맨손으로 흙을 만지는 게 좋다.

농장 소녀처럼
꽃꽂이하는 법

1.

크고 화려한 꽃송이를 포기하는 한이
있더라도 꽃은 직접 딴다.

2.

단순히 초록색이 아니라
좀 더 미묘한 빛깔을 띠는 잎사귀를 찾는다.

3.

꽃이 달린 허브와 채소,
그밖에 온갖 질감을 표현하는 요소를 활용한다.

4.

한 가지 품종의 꽃이어도
개화하지 않은 꽃봉오리, 만개한 꽃송이,
꼬투리 등을 전부 사용해 식물의 재미를 살린다.

5.

호들갑 떨지 말 것. 농장 소녀라면
무심하게 꽃들을 묶어낼 것이다.

6.

묶은 꽃다발을 입구가 넓은 유리병이나
오래된 피처에 쏙 넣어 식탁에 올린다.

7.

파이를 구워 친구를 초대한 뒤
돌려보낼 때 꽃을 선물한다.
그런 게 이웃의 정이다.

오른쪽 | 농장에서 만든 은빛 다발. 아티초크와 아티초크 잎, 앵초, 검은색 스카비오사, 말린 양귀비 꼬투리, 당근꽃, 서양톱풀, 보라색 세이지, 포도 덩굴, 그 밖에 야생의 느낌을 살려준 작은 식물들.

엘름우드 가족 별장의 풀밭에서, 사랑하는 동생.

엘름우드

ELMWOOD

엘름우드는 1807년부터 우리 가족의 여름 별장이었다. 별장에 딸린 세 개의 다락에는 아무렇게나 방치된 배드민턴 세트, 나비 채집망, 19세기 조상들의 일기, 다리가 부서진 의자, 장난감, 낡은 매트리스, 200년 된 가족사진, 꼭 한 조각씩 빠져 있는 퍼즐들, 당혹스러운 느낌의 빅토리아 시대 수영복, 그리고 고조할머니가 1873년에 눌러 만든 식물종 표본 한 상자가 쌓여 있다.

별장은 작은 반도 땅 위에 세워져 삼면으로 풀밭과 물이 맞닿아 있다. 저 멀리로는 비바람을 버틴 뉴햄프셔의 화강암 석산이 희미하게 보인다. 나는 별장 앞의 풀밭을 무척이나 좋아하고, 거기 피어난 많은 들꽃을 각별하게 아낀다. 아침마다 꽃이 얼마나 자랐는지 보러 나가는데, 그런 꾸준함은 내 인생 어느 지점에서도 찾아볼 수가 없다. 23만 제곱미터 되는 땅을 굽이굽이 감싼 물은 아담한 개울과 연못으로, 끝내는 강물로 이어진다. 매일 카누를 타고 그 길을 따라갈 때면 위로를 얻는다. 소나무 숲 사이로 지는 노을빛을 제대로 구경하려면 반드시 물 위로 나가야 한다. 사방 어디를 봐도 이웃은 보이지 않는다. 차를 타고 나가면 정지 표지판이 하나뿐인 작은 마을까지 금방 도착한다. 마을에는 염소젖으로 만든 치즈(계산대에 있으면 염소들이 우는 소리가 실제로 들린다)와 감탄이 절로 나도록 맛있는 생강 아이스크림을 파는 구식 마켓이 있다. 거기에 가면 채소 통조림, 핫도그 빵, 시골 가게 어디에 가나 인기가 있는 듯한 살충제를 살 수 있다.

별장 안에는 주방이 두 개에 스토브도 두 개인데, 무슨 영문인지 한쪽 주방에 스토브 두 개가 놓여 있고 나머지 주방에는 아예 없다. 스토브 하나는 거대한 주철로 만들어져서 그걸 중심으로 주방이 세워진 게 아닌가 싶다. 그도 그런 것이, 주철 스토브가 어느 입구로도 통과할 수 없을 것 같아서다. 만약 없애려면 집 전체를 태워야 할 것이다. 스토브에서 연기가 나오는 광경을 보고 있으면, 당장이라도 소방차가 출동한다 해도 이상하지 않다(실제로 내가 신고한 적이 있다). 빨간 체크무늬로 꾸며진 주방에는 칠판이 하나 걸려 있다. 거기에는 공지 사항처럼 가문의 역사가 적혀 있다. 조지 로빈슨이 스코틀랜드에서 건너온 1642년을 시작으로 중요한 날짜들이 줄줄이 쓰였다. 별장에는 하나라도 작동한다면 신기한 커피메이커가 열 개는 있다. 수세대를 거친 토스터 몇 대와, 언제 생겼는지 알 수 없는 빵부스러기들도 있다. 벽지는 이곳저곳이 벗겨졌고, 페인트칠한 몇몇 창문은 열 수조차 없다. 여기저기 틈새도 많아 이따금 얼룩다람쥐가 들어와 우리와 놀다 간다. 누가 이 집을 '개조'한다고 생각만 해도 나는 덜컥 겁이 난다.

일곱 개 되는 방은 저마다 특색이 있다. 부모님이

쓰는 나비 방은 현관 바로 옆에 딸렸다. 퇴창이 나 있고 누가 드나드는지 또렷이 소리가 들리는 이 방은 우아함이 남다르다. 바로 위층은 라일락 방이다. 보라색 꽃무늬 벽지가 아름답게 칠해져 있는 데다 5월이 되면 서향 창문으로 보랏빛 풍경을 볼 수 있다. 햇빛에 바랜 셔닐실 침대보가 특별히 깔려 있는 이 방은 동생이 쓰거나 손님방으로 사용한다. 가장 편안한 매트리스와 빼어난 풍경을 자랑해서다. 10대 시절 우리 자매가 남자친구들을 데려와 몰래 입을 맞추던 방이기도 하다. 복도를 지나면 나팔꽃 방이 나온다. 닥스훈트 강아지들이 머무는 방이자 어쩌면 귀신이 나올 수도 있는, 스텐실로 무늬가 그려진 방. 복도에서 하늘하늘 비치는 스위스 물방울무늬 커튼이 산들바람에 흔들리는 모습은 꼭 앤드루 와이어스의 그림 같다.

긴 복도를 지나 아래층 맨 구석에 가장 작은 방이 있다. 풀밭으로 바로 나갈 수 있게 야외와 이어진 방이다. 공간 크기로 따지면 벽장과 다를 바 없지만, 단언컨대 최고의 조망을 가졌다. 이 작은 방이 나의 방이다. 오래된 레이스가 수놓아진 커버를 씌운 베개를 베고 누우면 호수 위로 떠오르는 달과 산 위에서 반짝이는 별 수천 개가 보인다. 밖에서는 새들과 들꽃들이 유혹한다. 낡은 금속 침대는 베개 넓이만 하며 웬만한 싱글 침대보다도 작다. 고조할머니가 자던 침대였다고 한다(부디 매트리스는 다른 걸 쓰셨기를 바란다. 지금 매트리스는 스프링 하나하나가 몸에 박히는 것 같다). 하늘색으로 회칠한 벽에는 꼭 장식처럼 이곳저곳 금이 가 있다. 여름마다 엄마가 회반죽을 펴 바르는 나이프를 가지고

방에 들어오지만, 그때마다 내가 물리친다. 하얀색의 작은 책상과 탁자도 하나씩 있다. 나에게 이 방의 창밖 풍경은 어떠한 절경보다도 아름답다(정확히 왜인지는 모르겠지만, 창틀 너머로 풍경을 보면 실제 밖에 있을 때보다 더 친밀하게 느껴진다).

할아버지의 유골 가루를 할아버지 시계에 넣어 보관하자고 한 게 누구의 생각이었는지 잘 기억나진 않지만, 멋진 생각이었다. 어쩌다 우리의 여름 별장이 세탁기도, 이렇다 할 난방 시설도 없이, 욕실은 달랑 한 개인 채로 21세기를 견디고 있는지도 잘 모르겠다. 내가 확실히 아는 것은, 우리의 별장이 무수히 많은 야생 블루베리 덤불과 만난다는 것, 숲에는 레이디스 슬리퍼 난초lady's slipper orchids가 깔려 있다는 것이다. 별장을 둘러싼 물은 검게 반짝이며, 여름이 되면 금빛 수련과 보랏빛 물옥잠 꽃송이가 드문드문 피어나고, 비버와 거북이 옆에서 농어가 함께 헤엄친다는 것이다. 나무 꼭대기에 200종이 넘는 새들이 머무르다 간다는 것이다. 우리 가족이 가장 아끼는 산 뒤편에서부터 날마다 태양이 나타나 풀밭과 호수 위로 떠오른다는 것이다. 우리 가족은 그 광경을 보려고 일찍 일어난다. 별장에서는 어느 곳보다 깜깜한 밤하늘에 빽빽하게 반짝이는 별들도 볼 수 있다. 우리 가족은 이따금 혜성이 지나는 것을 보려고 밤늦게까지 깨어 있곤 한다. 순수한 사랑이 모든 것을 모아주는 공간, 여러 겹의 흰색 페인트칠과 약간의 산들바람이 남아 있는, 진정한 시골집이다.

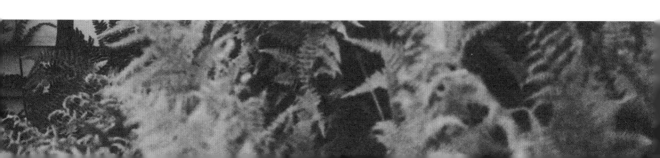

엘름우드 별장의 체크무늬 주방에 어울리는 제라늄 한 송이는 시골에 바치는 공물과도 같다.

정원에서 갓 꺾은 꽃들을 그대로 가져와 오래된 케첩 병, 술잔, 입구가 넓은 유리병, 도자기 피처에 꽂았다.

나의 서른 살 생일 파티를 위해 주방에 있던 식탁과 의자 몇 개를
야외로 가져와 초를 매단 사과나무 아래 두었다.

철망 문이 쾅 닫히는 소리는 내가 가장 좋아하는 시골의 소리다.

레이디스
슬리퍼 난초와
이끼.

정원에 피어난 털양귀비.

야생 클레마티스에 가려진 코스모스가 여인을
눈물짓게 하다.

별장 간판.

위 | 엘름우드 별장에서 내가 가장 아끼는 유리병.
오른쪽 | 풀밭의 꽃들을 담은 유리병들이 별장 그림 아래 놓여 있다. 벽난로 선반 위 왼쪽에서 오른쪽 순서대로, 골든로드, 들풀, 밀크위드, 에키나시아, 캐모마일, 아미초, 서양톱풀, 옥스아이 데이지, 자주색 양귀비, 블랙아이드 수잔.

열린 창문, 하얀 면 커튼, 따뜻한 산들바람만큼 상쾌한 것이 있을까. 이것들이 합쳐지면, 안과 밖이 만나는 순간을 포착한, 나무 액자 속 스냅사진이 된다.

누군가의 차이에 생명력을 불어넣어 줄 수 있는 것은 한가한 것이 아니라 부지런히 보내는 일부터라는 게 얼마나 큰 생각일까. 누군가 동물과 식물을 보듬어 안고 키우는 것처럼 말이다.

COUNTRY THINGS TO DO

시골에서 해야 할 것들

직접 꽃을 따보기

햇빛 아래서 이불 말리기

별빛 아래서 저녁 테이블 차리기

지방 축제에 꽃꽂이 가져가기

맨발로 걸어 다니기

체크무늬 테이블보 사용하기

향 좋은 제라늄 모으기

낮이 가장 긴 날과 짧은 날에 파티 열기

새소리 구분하는 법 배우기

식용 꽃 키우기

시골 농부들 돕기

무인 관리 화단 꾸미기

길가에 떨어진 잎사귀들 모으기

헛간에서 열리는 댄스 파티에 가기

창문 내리고 드라이브하기

정원에서 아침 커피 마시기

외운 요리법대로 케이크 만들기

새 모이 주기

자동차에 가위 챙겨 다니기

이웃집 우편함에 근사한 깜짝 선물 넣어두기

잊지 말고 별똥별 구경하기

FANCY

THINGS

'화려함'은 꼭 좋은 뜻으로 쓰이기만 하는 말은 아니지만, 이 단어를 여기서는 내 멋대로 써볼까 한다. 제멋대로인 즐거움이야말로 화려함의 본질이다. 순전히 즐거움을 위해서만 존재하는, 꼭 없어도 되는 찬란한 무언가. 잘라내고 다듬어 우리가 상상하는 완벽한 이상향의 모습으로 만들어낸 정원 꽃만큼 이 말에 딱 어울리는 것이 있을까? 이를테면, 연분홍 박엽지와 금빛 종이로 싸서 영원히 변치 않을 사랑을 고백할 때 보내는 감미로운 품종의 꽃들, 여성스러운 장미와 눈을 사로잡는 작약, 하늘하늘한 실크 리본으로 묶으면 딱 어울리는 향긋한 꽃들.

화려한 꽃은 뜻밖의 장소에서 피어나기도 한다. 섬세한 본차이나 도자기에 새겨지고, 이브닝드레스에 수놓아지고, 샴페인 잔을 들어 올리는 파티 주인공의 손목에 반짝이는 장신구로 모습을 드러낸다. 잘 차려진 테이블에 풍성한 꽃다발로 올라가는 것은 화려한 꽃들의 최고 소명으로 여겨진다. 파티 플로리스트로 일할 때 나는 조금 과하다 싶을 만큼 많은 꽃으로 테이블을 꾸몄고, 뉴욕 무도회장에서 제자리를 찾은 듯한 벚꽃 캐노피에 봉헌 양초를 주렁주렁 매달곤 했다. 긴 테이퍼 양초가 녹아내리고 테이블 센터피스가 촛불의 주문에 걸리는 모습을 물끄러미 보다 보면, 꽃 하나하나의 색깔과 모양이 희미해지고 실내 공간 전체가 마법의 빛을 발했다. 쨍쨍한 햇빛 아래서는 그런 꽃꽂이의 모습을 꿈꿀 수 없다.

나는 언제나 일상에서 경험하는 것 이상의 아름다움과 특별함에 끌렸다. 어렸을 때는 페티코트 같은 치마를 차려입고 크리스털 세공 유리잔에 핑크 레모네이드를 담아 빅토리아풍 온실로 피크닉 가는 날을 손꼽아 기다렸다. 작은 도자기 그릇에 설탕을 입힌 핑거 케이크를 담고, 머리에는 꽃도 꽂아야 했다.

그 시절에도 분명히 꽃은 아름다움 그리고 즐거움과 떼어놓을 수 없는 것이었다. 지금도 나는 마음이 내킬 때마다 꽃무늬 실크 옷을 입고, 장미 꽃다발을 자주 사며, 작은 마법이 필요할 때는 촛불을 켜 그 빛을 만끽한다. 이런 것들이 내 삶의 가장 달콤한 사치들이다. 진정한 화려함이란 딱 잘라 설명할 수 없으나 아름다움을 향한 변화무쌍한 욕망과 갈망이 아닐까 싶다. 그 압도적인 아름다움을 꽃다발만큼 잘 보여주는 것이 또 있을까?

화려한 꽃은 뜻밖의 장소에서
피어나기도 한다.

AMERICAN C

To ANNUAL DUES FOR
To Sustaining Member

To Gift 1960 v
To Gift M

Please mail your remittance, payable to
AMERICAN CAMELLIA SOCIETY, in this envelope

Members in Foreign Countries may pay their dues through one of our
representatives:

G. H. Pinckney, ℅ John Waterer Sons & Crisp, Ltd.,
Twyford, Berks, England. (£ 2. 3. 0.)

Hazlewood Bros., Pty. Ltd.
Box 1, Epping, N. S. W., Australia.

Felix M. Jury,
Takorangi, Waitara, Taranaki, New Zealand.

AMY MERRICK

N°5
CHANEL
PARIS

Flowers

에르메스의 실크 꽃 스카프는 아마 내가 일평생 사게 될 꽃 중에 가장 비싼 꽃일 것이다. 평생 꽃의 행복을 누릴 수 있다면야 아깝지 않다.

FANCY FLOWERS

화려한 꽃들

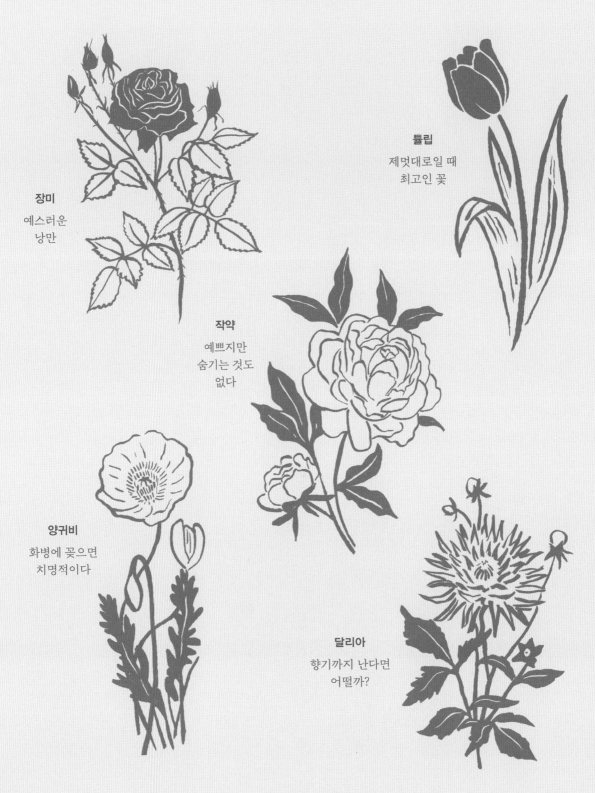

장미
예스러운
낭만

튤립
제멋대로일 때
최고인 꽃

작약
예쁘지만
숨기는 것도
없다

양귀비
화병에 꽂으면
치명적이다

달리아
향기까지 난다면
어떨까?

무엇이 꽃을 화려하게 만드는 걸까?

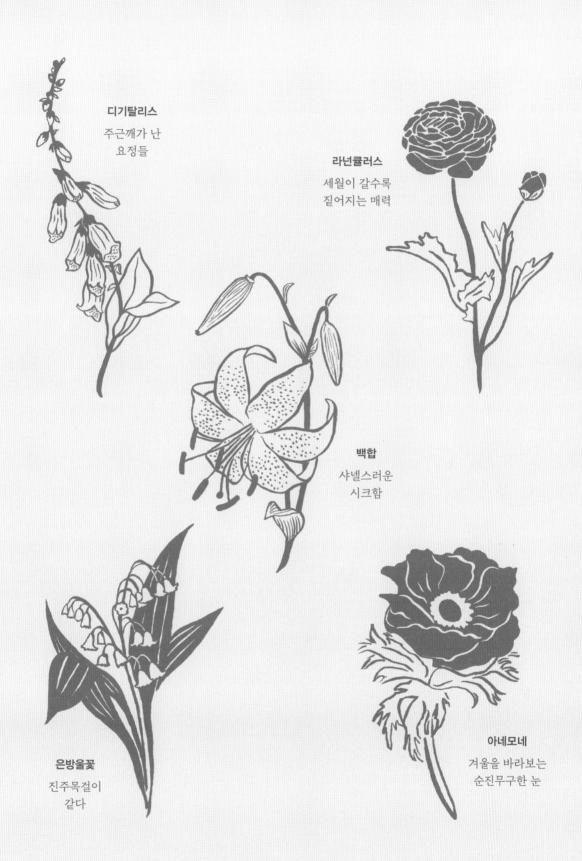

디기탈리스

주근깨가 난
요정들

라넌큘러스

세월이 갈수록
짙어지는 매력

백합

샤넬스러운
시크함

은방울꽃

진주목걸이
같다

아네모네

겨울을 바라보는
순진무구한 눈

꽃이 유혹하면 집으로 데려가지 않을 수가 없다.

꽃과 향기

꽃향기만큼 황홀한 것이 또 있을까? 귓불 바로 뒤쪽의 연한 목덜미에 살짝 뿌린 향기는 가장 친밀한 사람만이 맡을 수 있다. 프랑스의 클래식 향수 조이Joy는 작은 병 하나를 만드는 데만도 1만 송이의 재스민 꽃봉오리와 340송이 가까이 되는 장미가 쓰인다고 한다. 그 모든 꽃이 허영심을 비추는 고풍스러운 크리스털 유리병 속으로 증류되어 들어가는 모습을 상상해보라. 향수를 한 번 뿌릴 때 그 안에 든 수천 송이의 꽃이 퍼져나간다.

하지만 아무리 사치스러운 프랑스산 향수라 할지라도 꽃향기의 매력만큼 값지지 못하다. 향기로운 꽃은 유독 수명이 짧지만, 긴 수명을 포기하는 대가로 향을 얻을 수 있다면 그 희생은 가치가 있다. 꽃향기는 노스탤지어와 로맨스가 얽힌 독한 칵테일이 되어 우리를 완전히 매료한다. 침대 옆 테이블에 꽃 몇 송이를 갖다두는 것만으로 우리의 꿈은 향기로워진다.

왼쪽 | 햇빛을 받아 반짝이는 목련.

첫째 날, 사랑스러워 보이는 튤립.

아홉째 날, 어느덧 농염해진 튤립.

귀한 화병에 꽂힌, 압도적 아름다움의 달리아 한 송이.

이 둘의 아름다움에서 헤어나오기란 쉽지 않다. 도예가 프란시스 파머가 만든 이 화병은 무엇에나 어울리는 신발과도 같다. 여기 꽂히면 무엇이건 시크해진다. 귀한 화병인지를 어떻게 알아보느냐고? 깨지는 상상만으로도 마음이 같이 깨질 것 같다면, 그게 바로 귀한 화병이다.

최고의 도예가 프란시스 파머가 만든 화병들. 막 플로리스트가 되었을 때 그와의 우정에서 힘을 얻었다.

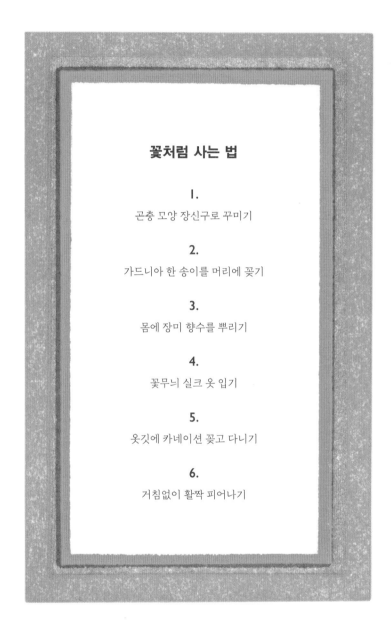

꽃처럼 사는 법

1.

곤충 모양 장신구로 꾸미기

2.

가드니아 한 송이를 머리에 꽂기

3.

몸에 장미 향수를 뿌리기

4.

꽃무늬 실크 옷 입기

5.

옷깃에 카네이션 꽂고 다니기

6.

거침없이 활짝 피어나기

오른쪽 | 1940년대산 자수정으로 만들어진 거미라면 하나도 무섭지 않다.

오가와 가즈마사가 채색한 벚꽃 그림, 1897년.

작약에는 결점이 하나 있다.
완벽하다는 것.

그것만 빼면,
작약은 완벽하다.

'Quick, someone! The *big* vases!'

콘스턴스 스프라이의 책 『안주인Hostess』에
실린 레슬리 블랜치의 삽화.

앙증맞은 아이.

침봉을 이용해 작약, 스위트피, 그리고 수채화처럼 색이 연해 아름다운 튤립을 꽂꽂이했다.

은방울꽃에게

어디서건 네 향기를 맡으면 내 마음은 우리 집에서
내가 가장 아끼는 단풍나무 아래 그늘 밑으로
돌아가. 수풀 끝나는 지점을 따라, 너의 작은
은방울들이 푸르디푸른 명주실에 달려 있지.
거기서 너는 참 행복해 보여. 너는 가장 멋진 경치를
찾아 그 먼 곳을 지칠 줄도 모르고 달려온 거야.
네 향기는 일등석 비행기 표보다도 더 멀리 나를 싣고
가고, 엄마의 향수보다도 더 강렬한 노스탤지어를
불러일으켜. 오랜 세월 조향사들이 노력해왔지만
너의 본질은 절대 증류되는 법이 없지. 그게 너의
대단한 점이야.

너는 모두가 던지는 질문의 대답이고, 내가
간직하고 싶은 작은 비밀이야. 내가 가장 좋아하는
꽃이 뭐냐고?

바로 너야.

장미의 풍요로움에 관하여

THE RICHNESS OF ROSES

길쭉한 줄기에 품위도 향도 없는 가짜들은 잊어라. 그런 건 진짜 장미의 그림자에 불과하다. 진짜 장미는 황홀하다. 벨벳 꽃잎에 폭 싸인 장미는 탐스러우며 치명적이다. 장미의 향은 솜사탕, 따뜻한 꿀, 잘 익은 과일, 진한 감차, 짙은 사향의 정수만을 증류해놓은 듯하다. 최고의 장미는 형언의 대상을 초월한다. 장미는 장미만의 깊고도 풍성한 향을 풍긴다.

　　장미는 누가 뭐라 해도 절대적인 꽃의 여왕이다. 이 세상의 모든 여성적 매혹을 끌어모아 터트려내는 주름꽃. 하지만 가까이 들여다보면 마냥 아름답다고만은 할 수 없다. 장미의 유혹은 덫이기도 하다. 피를 흘리게 할 수 있는 유일한 꽃이 바로 장미다. 가시는 남의 접근을 차단한다. 장미 가시에 찔리면 때로 장미의 수명보다 오래가는 부푼 자국을 얻게 된다. 5천 년 전 인류가 장미를 처음 재배하기 시작한 후로, 인간의 손은 그 욱신거리는 고통을 느껴왔다. 장미는 이집트 사람들의 몸에 윤기를, 그리스 왕들의 왕관에 화려함을 더했고, 로마 사람들의

식탁과 침대에 마구 흩뿌려졌다. 중동 낙원의 공기를 향긋하게 만들어주다 끝내 십자군에게 정복되기도 했다. 수도승들이 돌보는 약초 정원에서 자라나 성모 마리아를 기리는 제단을 장식했다. 숭고하다는 이유로 숭배의 대상이 됐고 사치스럽다는 이유로 매도당했다. 장미는 세상 어디에서건 그림으로, 직물로, 동상으로, 조각품으로, 주물로 만들어졌다. 당신이 어느 곳에 있건 장미는 장미로 존재한다. 아마도 장미는 세상 모두가 아는 유일한 꽃 이름일 것이다.

　　장미는 다른 식물과 겨루지 않아도 되는 정원에서 혼자 살아갈 때 가장 잘 자란다. 장미는 꽃송이를 피우고, 퍼져나가고, 기어오르고, 구불구불 뻗어갈 공간을 좋아하며, 향기에 이끌린 작은 동물들이 접근해 꽃송이를 꺾지 못하도록 가시를 달고 있다. 정원에서 자라는 장미는 원하는 것도 싫어하는 것도 많아 변덕이 심하고 때로는 신경질적이다. 가지치기를 요구하며 화려하게 있고 싶어 한다. 칭찬은 당연하게 받는다. 하지만, 제

대로 된 보살핌 속에서 만족스럽게 자라난 장미는 다른 꽃과는 비교도 안 되게 숭배자들에게 보답한다. 장미는 사람들이 자신의 애정을 갈구하게끔 만든다. 유혹의 기술을 기가 막히게 구사한다.

　　장미는 꽂이꽃(절화)이 되어서도 세심한 관리가 필요하다. 화병에서 장미는 잘 살지 못한다. 금박 새장에 갇힌 카나리아처럼, 화병 속 장미는 금세 입을 다물고 만다. 어떠한 재래 품종은 하루 만에 시들기도 한다. 물론 그 하루는 굉장할 것이다! 사실 덧없음은 장미가 선사하는 가장 대단한 선물이다. 장미 속에는 단 한 번의 깊고도 달콤한 숨결로 증류된 삶의 오롯한 힘이 들었다.

　　장미 카탈로그를 잠깐 보기만 해도 심장이 뛸 만큼 장미에 컬트적 애정을 품는 데 더 이상의 설득이 필요할까? 장미에 붙은 이름들은 그 자체로 장미에 대한 사랑 고백이다. 프랑스 장미는 펠르 디오르Perle d'Or(황금 진주), 폼폰 드 파리스Pompon de Paris(파리의 꽃술), 글루아르 드 디종Gloire de Dijon(디종의 영광) 등 최고로 우아한 이름들로 불린다. 호사로운 백작부인, 공작부인, 마담의 이름을 딴 장미 품종도 여럿이다. 이 꽃들은 멋스럽게 주름지고 향기로운 품종 중에서도 단연 눈에 띈다. 그런가 하면 영국 장미들은 이름으로 아름다움

을 노래한다. 날아오르는 종달새 Lark Ascending, 앙증맞은 베스 Dainty Bess, 양치기 여인 Shepherdess, 시인의 아내 Poet's Wife 등. 요즘 장미들은 좀 더 노골적이다. 열정적인 입맞춤 Passionate Kisses, 당신만 보여요 Eyes for You, 은밀한 비밀 Deep Secret, 난잡한 놀음 Hanky Panky 같은 이름은 유혹하려는 의도를 감추려 하지조차 않는다. 물론, 장미가 매력을 숨길 이유는 없다. 장미 꽃송이는 오직 유혹하기 위해 피어난다.

　　장미에 앉아 있다 가는 벌들은 잠깐의 정사 끝에 들뜸과 열병에 취한 듯 비틀거리며 날아가곤 한다. 우리를 매료하는 향기가 벌 또한 매료한다니, 멋지지 않은가? 인간의 코를 취하게 하는 강력한 장미의 향은 벌처럼 작은 생물을 압도하고도 남을 것이다. 관능적이고 헝클어진 장미 꽃잎들과 꽃가루가 수북한 꽃술은 벌이 보기에 천국 같을 것이다. 은빛 벨벳의 수영장에서 헤엄치는 기분. 장미에 폭 싸인 벌이 되어보고 싶다. 세상 무엇보다 편안한 기분일 것이다.

MATCH YOUR ROSES TO YOUR LIPSTICK

"립스틱에 어울리는 장미를 골라요"

욕조를 화병으로
만드는 법

1.

몸을 먼저 씻는다. 꽃잎 입욕 후 여유 있게
나올 수 있도록 미리 씻어두는 편이 낫다.

2.

욕조에 뜨거운 물을 채운다.

3.

향 오일을 물에 떨어뜨린 뒤 촛불을 켠다.

4.

낱장으로 뗀 꽃잎을 넉넉히 물 위에 띄우고,
줄기까지 달린 꽃 몇 송이도 함께 흩뿌린다.

5.

좋아하는 책을 편다. 페이퍼백이면 더욱 좋다.

6.

세상에 태어날 때 입고 있었던, 가장 아름다운 옷을
흠뻑 적신다(화병 속 꽃은 바로 당신이다).

왼쪽 | 목욕 중인 동백꽃.

위 | 구겨진 황금빛의 실크.
오른쪽 | 검은 벨벳에 올려둔 아이슬란드 양귀비.

카네이션 예찬
CARNATION APPRECIATION

카네이션은 값싼 꽃 중에서 단연 매력이 넘친다. 평범하다고들 하지만, 처음 본 사람 눈에는 단 한 송이의 카네이션도 얼마나 아름다울지 알고 있는가? 풍성한 꽃잎은 1920년대에 유행한 러시아 발레 스커트에 영감을 준 게 아닌가 싶을 만큼 한껏 주름져 있다. 줄기는 꼭 무용수의 팔다리처럼 길고 강인한 동시에 말도 안되게 유연하다. 신선한 카네이션을 코로 가까이 가져다 대고 진짜 향을 맡아본다면, 다른 꽃에서 맡아본 적 없는 묵직하고 풍부하며 알싸한 향을 느낄 수 있다. 카네이션의 꽃잎도 한 장 한 장 아끼지 않을 수 없다. 손으로 조심조심 자른 듯한 테두리, 생일 선물에 달린 꽃리본처럼 완벽한 모양의 꽃잎 뭉치까지, 카네이션이 이렇게나 흔하지만 않았어도, 아마 당신은 카네이션을 아름답다고 생각했을 것이다.

　오스카 드 라 렌타(미국의 패션 디자이너― 옮긴이)씨의 사망 소식을 듣기 전까지만 해도 나 역시 카네이션에 관해 진지하게 생각해본 적이 없었다. 나는 언제나 그를 마음 깊이 존경했다. 그의 무결한 우아함과 관대함, 강인하면서 세련된 여성성의 표현이 좋았다. 확실히 그는 여성을 사랑하고 존중한 남자였다. 그의 옷

만 봐도 알 수 있었다. 나중에 안 사실이지만, 꽃을 사랑한 남자이기도 했다.

그가 세상을 떠났다는 소식을 듣기 몇 달 전, 오스카 드 라 렌타 씨에게 감사 꽃다발을 전하겠다는 고객에게서 작업 의뢰를 받은 적이 있다. 나는 제법 야성적인 느낌의 작업물을 만들었다. 추측하건대 평소 드 라 렌타 씨는 화려하고 조금 사치스럽다 싶은 꽃꽂이를 자주 선물 받았을 것 같았다. 나의 계산은 적중했다. 다음 날, 그는 내가 만든 꽃다발을 무척 마음에 들어 하며 아내가 있는 집에 보냈다고 한다. 그건 그가 보내는 최고의 극찬이었다. 그의 아내는 안목이 뛰어나기로 유명했으니까. 그럼 혹시, 며칠 후 비공개로 열릴 저녁 만찬에 내가 꽃꽂이를 작업할 기회가 오지 않을까?

그리고 정말 그랬다. 열두 개 테이블에 올려진 이름표들을 나는 평생 잊지 못할 것이다. 꽃다발 속 작약이 되어 나의 꽃들이 초대받는 파티에 참석할 수만 있다면 얼마나 황홀할지! 나는 드 라 렌타 씨를 만난 적 없지만, 그는 나를 만났다. 그는 내가 만든 꽃다발 속에서 내 마음을 바로 들여다보았다.

그가 세상을 떠났을 때 니는 어두운 진홍색의 카네이션으로 꽃꽂이를 만들어 그의 가족 모임에 보냈다. 생전 그가 가장 아끼던 꽃이 카네이션이라고 했다. 그 말이 나의 마음에 깊이 남았다. 소박하고 흔하디흔한 꽃이건만, 그는 비닐 포장지 너머로 카네이션의 진실을 발견했다. 보란 듯 숨어 있는 카네이션의 매력을. 요즘도 나는 종종 그를 생각하며 카네이션을 산다.

하루는 대영박물관 기록 보관소에서 메리 딜레이니의 18세기 꽃 콜라주에 감탄하며 완벽한 오후를 보냈다.

풍요의 화려함.

절제의 우아함.

와인 한 병 값이면 꽃을 한 다발 살 수 있다. 둘 중 무엇에 취하건, 뺨은 붉어지고, 긴장이 풀어지고, 자유로운 기쁨을 누릴 수 있다. 일단 흠뻑 들이마시기만 하면 된다. 그중 하나는 하룻밤만을 취하게 할 테지만, 다른 하나는 마지막 꽃잎이 떨어질 때까지 일주일을 통째로 물들일 것이다. 꽃은 우리를 취하게 만든다. 사실 나는 언제나 취해 있다.

FANCY THINGS TO DO
화려한 일들

장미 꽃잎 세어보기

옷 차려입고 정원 놀러 가기

품에 다 안을 수 없을 만큼 왕창 꽃을 사기

편지지에 감사 편지 쓰기

옷장에 향주머니 넣기

연애편지 쓰기

그 편지에 꽃 향수 뿌리기

발레 관람하기

머리맡에 향기로운 꽃 두기

진짜 크리스털 샴페인 잔을 들고 건배하기

실크 리본으로 꽃다발 묶기

꽃이 그려진 도자기 접시 위에 디저트 올려 먹기

튤립의 만개를 지켜보기

아끼는 책의 초판 사기

그럴싸한 저녁 만찬 열기

빳빳하게 다린 베갯잇 베고 자기

예쁜 화병 수집하기

애프터눈 티 차려 마시기

설탕 장미로 케이크 꾸미기

작약에 얼굴 파묻기

이미 아름다운 것을 과하다 싶게 꾸미기

HUMBLE
PLEASURES

소박한 꽃이 마땅한 찬사를 받지 못하는 것 같아 아쉽다. 하지만 소박한 꽃은 우리에게 찬사를 요구하지 않는다. 그늘은 돌봄을 받건 받지 않건, 그저 피어난다. 한 해의 첫 크로커스는 소박한 꽃이다. 진흙을 밀고 올라온 연한 노란색의 꽃잎은 미세하게 떨린다. 그렇다고 작고 노란 크로커스를 만만하게 봐서는 안 된다. 크로커스는 숨이 턱 막히는 겨울의 마지막 추위를 이겨낼 만큼 강인하다.

화려한 꽃을 만지는 플로리스트로 수년을 일했는데도 태양 빛 아래 마구 헝클어진 야생 데이지 한 다발을 볼 때 가장 즐겁다니, 이상하고 놀라운 일이다. 나는 그렇게 단순한 것들에 끌린다. 풀밭을 거침없이 누비고, 숲 끝자락에 무리를 짓고, 수많은 도로변에 걷잡을 수 없이 피어난, 길들여지지 않고 자유로운 아름다움이 좋다. 향긋한 제비꽃다발은 평범하지만 동시에 값을 매길 수 없이 귀하다. 어느 꽃가게에 가더라도 그런 달콤함은 살 수 없다(작은 다발을 따는 수고조차 행복하다). 그런가 하면 민들레 씨앗은 화려한 주름이 눈에 띄는 작약보다도 꽃꽂이 작업물에서 찾아보기가 힘들다. 한 번만 잘못 움직여도 바람에 솜털이 날아가기 때문이다. 소박한 즐거움 가운데 최고를 꼽자면, 단연 네잎 클로버가 아닐까 싶다. 사람들은 그걸 대체 어디서 찾느냐고들 하지만 끈기만 있다면 찾을 수 있다. 행운도 비슷하다고 생각한다. 몸을 굽혀 찾는 사람에게 행운은 온다.

처음 시작은 누구나 소박하기 그지없다. 아는 게 없음을 인정하는 데도 거리낌이 없다. 구름은 어디서 오지? 가을이 되면 왜 잎사귀가 물들지? 꽃은 왜 시들지? 우리는 나이가 들면서 하찮게 보일까 봐 이런 질문을 관두기 시작한다. 아름다운 꽃과 자연의 세상을 관찰할수록 나는 소박한 것과 웅장한 것 둘 다에 감탄하게 된다.

소박하다는 뜻의 험블humble은 '땅'을 의미하는 라틴어 후무스humus에서 유래했다. 겸손하게 땅에 뿌리 내려 토양으로 솟아 나오는 꽃들의 모습과 참 어울리는 말이다. 소박하다는 것은 소심하거나 수동적이라는 뜻이 아니다. 아직 더 자라야 한다는 걸 담담히 받아들이는 태도다.

소박한 꽃은 우리에게
찬사를 요구하지 않는다.

Weasel Snout or Yellow Deadnettle (Galeobdolon luteum) scale 2/5

봄에 처음 피어나 녹는 눈과 입맞춤하는 크로커스.

HUMBLE FLOWERS

소박한 꽃들

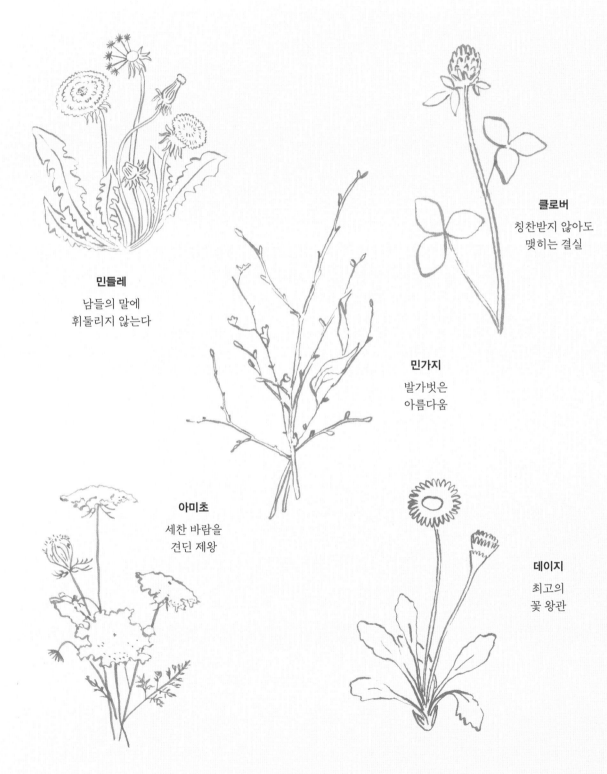

민들레
남들의 말에
휘둘리지 않는다

클로버
칭찬받지 않아도
맺히는 결실

민가지
발가벗은
아름다움

아미초
세찬 바람을
견딘 제왕

데이지
최고의
꽃 왕관

들꽃과 잡초를 가르는 선은 희미하다.

제비꽃
작은 것의
거대함

스노드롭
어떤 날씨에도
꿋꿋하다

수선화
큼직한 칼라로
웃음을 주는 꽃

시든 꽃
자세히 보아야
우아하다

잎사귀
역시 나름의
꽃이다

나는 그 선을 넘나드는 게 좋다.

꽃이란 무엇일까?

이 책이 여기까지 오는 동안 우리는 꽃이 무엇인지조차 아직 고민하지 않았다. 왜 우리가 본능적으로 꽃에 끌리는지, 왜 꽃이 존재하는지도. 꽃은 사랑에 대한 감각과 같이 우리에게 생물학적으로 꼭 필요한 존재다.

사실 꽃은 재생산의 수단이다. 이 섬세한 자연의 낭만은 오직 새와 벌을 위한 것이다. 우리가 꽃을 향해 보내는 찬사는 부수적인 것일 뿐이다. 그저 우리는 꽃가루 이동의 십자포화 속에 갇힌 최상위의 침입자들이다. 유혹의 법칙이 모든 생물체에 동등하게 적용된다는 건 참 놀라운 일이다. 나비도 인간도 똑같은 꽃송이와 시시덕거리고 싶은 유혹에 넘어가고야 만다. 그만큼 꽃은 유혹의 고수들이다. 향과 색깔, 무늬와 꿀 모든 것을 이용해 우리를 유혹한다. 디기탈리스 입구에 박힌 반점들은 벌들을 향해 반짝이는 활주로가 된다. 마치 들어오는 길을 알려주듯 "점을 따라 이동하세요"라고 말하는 것 같다. 데이지 한가운데 노란 동그라미는 과녁처럼 "여기로 오세요"라고 말을 건넨다.

우리는 꽃에 관해 이야기하면서 섹스와 사랑, 삶과 죽음, 다시 태어남에 관해 이야기한다. 그것들이 우리를 위해 피어나지 않았음을 생각하면 절로 겸손해진다.

오른쪽 | 마음을 와르르 쏟아낸 목련 한 송이.

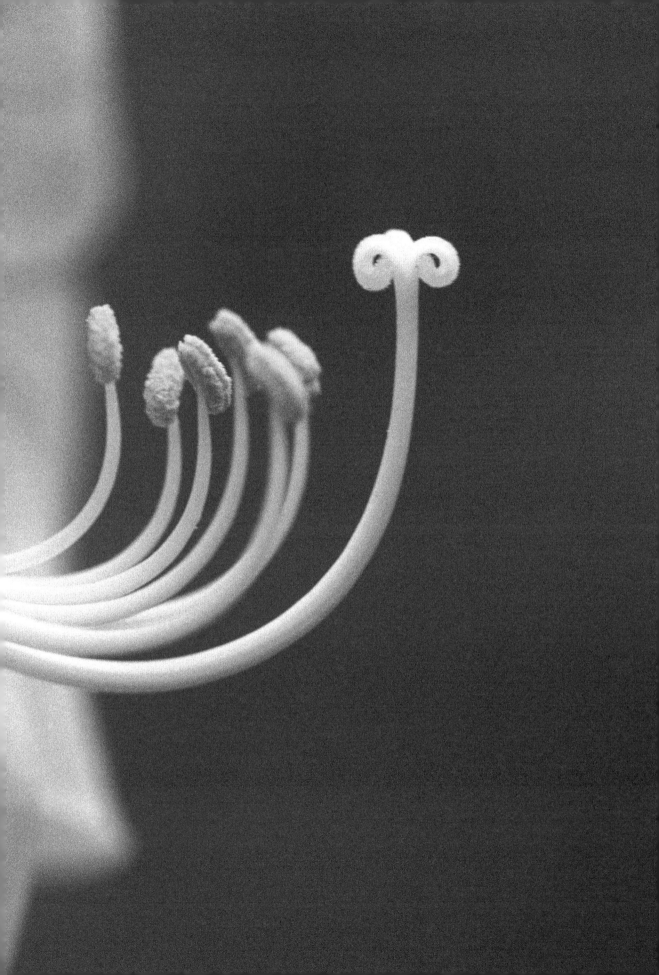

꽃의 부위들

암술

자성 생식기관: 암술머리, 암술대,
씨방으로 구성된 가운데 줄기. 암술머리는 암술대
맨 끝에 자리하여 수분 후에 밑씨가
씨앗으로 자라나는 씨방과 이어진다.

수술

웅성 생식기관: 꽃가루로 뒤덮인 꽃밥이
긴 꽃실에 매달려 있다. 꽃가루는 벌, 곤충, 새,
심지어는 바람과 같은 꽃가루 매개자에 의한
수분을 통해 암술머리로 옮겨진다.

악편

잎처럼 생긴 녹색 기관으로 봉오리
상태의 꽃을 보호하며, 꽃의 하부 구조가
형성되도록 벌어진다. 악편의 전체를
가리켜 꽃받침이라고 부른다.

꽃잎

꽃의 생식기관을 보호하는 기능을 한다.
꽃잎은 밝은색을 띠거나 무늬 졌고 꽃가루
매개자를 유인하기 위해 향을 풍긴다.
꽃잎 전체는 화관이라고 부른다.

왼쪽 | 아마릴리스의 가장 내밀한 부분이 버젓이 나와 있다.

위 | 저절로 만들어진 꽃꽂이. 노란 양치식물과 풀 몇 줄기, 회향 한 대, 블랙아이드 수잔, 그리고 이름 모를 덩굴식물을 따서 만들었다. 그냥 있는 그대로 화병에 꽂았는데도 무척이나 아름다웠다. 이렇게 즉흥적인 꽃꽂이는 절대 노력으로 만들 수 없다.

오른쪽 | 프리츠 쿤의 1952년 저서 『나의 그래스폴더 In My Grassfolder』에 들어간 한 포기의 풀 그림. 나는 영감을 얻고 싶을 때 이 책을 펼친다.

소원을 이뤄줘
THE WISH-MAKERS

민들레처럼 소박한 꽃을 돈 주고 사는 사람이 어디 있느냐고? 물론 있다. 나 역시 그중 하나다. 들꽃 중에서도 흔치 않은 종만 골라 파는 아름다운 꽃집에서 희귀종의 민들레를 샀다. 비쌌지만 그만큼 아름다웠다. 톱니 모양으로 자잘하게 잘린 잎사귀는 어린 시절 우리 집 뒤뜰에 핀 민들레와 다르게 유독 날이 날카로웠다. 우리 집 민들레는 극히 평범한, 상추에 뿌려 먹는 겨자 색깔이었고, 줄기 끝에는 여덟 살 아이가 소원을 빌며 후 날려 보낼 법한 갓털이 곁달려 있었다. 그러나 뜰이

홋카이도에 있는지, 뉴햄프셔에 있는지에 따라 민들레는 희귀해지기도 평범해지기도 한다.

민들레는 볼품없는 잡초 취급을 당할 때가 허다하고 인정사정없이 머리채를 뽑히기 일쑤다. 그러나 그들은 자유분방하며 독립적이다. 씨앗을 공중에 흩뿌리기 위해 수분이 필요하지도 않다. 그래서 잔디밭 무결주의자들에게 미움을 사기도 하지만, 늘 그렇게 천덕꾸러기인 것만은 아니다. 민들레는 유익한 약초로 처음 북미 땅에 들어왔다. 민들레는 뿌리부터 꽃송이까지 전부 식

용이다. 와인으로, 구운 뿌리 차로, 샐러드로, 담금 요리로, 노란 햇살의 맛을 즐길 수 있다. 알고 보면 민들레라고 무조건 노란 것도 아니다. 크림처럼 하얀 민들레와 밝은 분홍색의 민들레가 있고, 내가 가장 좋아하는 *타락사쿰 수도로제움Taraxacum pseudoroseum*은 부드러운 버터처럼 노란 중앙부를 연분홍 꽃잎이 감싸고 있다. 분홍빛 장미를 닮은, 어떻게 보면 새벽 첫 햇살의 색깔 같기도 한 그 민들레가 함부로 꺾이는 걸 생각하면 몸서리가 쳐진다.

　　다정한 눈으로 보면 민들레는 말도 안 되게 매력적이다. 잎사귀는 개성이 넘치고, 덥수룩한 황금 사자 머리털 같은 꽃잎은 태양과 함께 피어나고 저물어 민들레에 요정 시계라는 별명을 가져다주었다. 씨앗을 흩뜨릴

철이 되면 민들레는 마법을 부려 금세 사라질 보송보송한 구름으로 변신한다. 민들레 갓털은 자연의 가장 섬세한 아름다움 중 하나다. 나는 그렇게 연약한 것들이 좋다. 이를테면, 이슬이 맺힌 거미줄이나, 레이스 같은 구멍이 송송 뚫린 말린 잎 같은 것들.

　　갓털을 옮긴다는 건 불가능해 보이지만, 봉오리 상태로 민들레를 따다 화병에 꽂으면 거기서 갓털이 피어날 것이다. 화병이 담을 수 있는 꽃 중에 가장 찰나의 꽃이라 하겠다. 소박한 민들레의 사랑스러움은 갓털을 불면 소원이 이뤄진다는 설화에서 오는지도 모른다. 보잘것없는 잡초이지만, 후 불기만 해도 모든 생각과 꿈을 바람결에 날려주는 마법같은 꽃.

평범한 민들레.

자기가 얼마나 귀한지 모르는 민들레.

My grandmother picked a small handful of violets growing on a grassy hillside outside her family's home on April 19, 1947. She pinned them to the breast of her simple white suit and married my grandfather in front of a judge, a civil ceremony with very little fuss. I'm not sure I can imagine a more romantic flower.

1947년 4월 10일, 할머니는 집 앞 수풀 언덕에서
제비꽃을 한 손 가득 따 단정한 흰색 옷 가슴팍에 핀으로
꽂았다. 그날 할머니는 아담한 농장에서 사람들의
축복을 받으며 아름다운 결혼식을 올렸다. 이보다
낭만적인 꽃이 또 있을지, 나는 잘 그려지지 않는다.

SWEET VIOLET.—*Viola odorata.*

나무의 뼈대

벌거벗은 가지의 아름다움을 더 많은 사람이 알았으면 좋겠다. 가지
의 형태가 지닌 매력은 모든 것이 황량해질 때 비로소 기개를 발한다.
나무는 인간을 닮은 구석이 있어서, 벗으면 더욱 아름다워진다. 벌거
벗은 가지들이 활짝 펴져 있는 것을 보면 흙 속에 뻗친 뿌리들, 아니면
하늘에 번쩍이는 번개 빛이 떠오른다. 잎이 다 사라지고 나면 새의 둥
지가 드러나고, 나무껍질의 미묘한 무늬가 눈에 들어온다. 한겨울에
벌거벗은 가지를 화병에 꽂아 놓으면 꼭 드로잉 작품을 감상하는 듯
하다. 물을 신선하게 유지한다면 실내에서 가지가 싹을 피울지도 모
른다. 아무것도 없는 가지라고 해서 죽어 있다고 생각하지 말기를.

오른쪽 | 겨울의 야생 자두 나뭇가지가 실내에서 쑥쑥 자라기를 기다리고 있다.

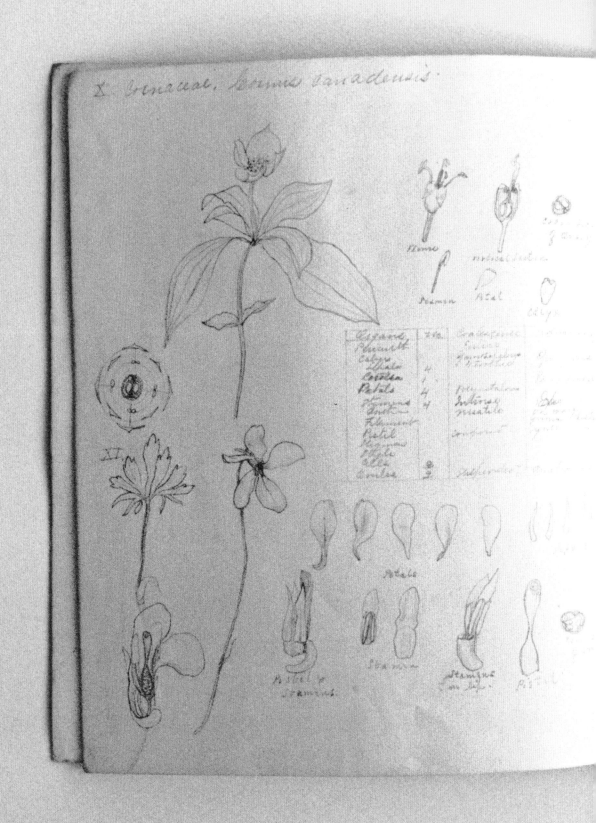

고조할머니 엘라 애버릴 로빈슨은 1876년 웰즐리 칼리지에서 식물학을 공부하던 학생이었다.
사진은 고조할머니가 식물 스케치북에 그린 뉴잉글랜드의 들꽃들이다.

XI. Violaceae. Viola pedata. Bird foot violet

Organs	No	Coalescence	Adnation
Perianth		Entire	
Calyx Sepals	5	Polysepalous	Hypogynous
Corolla Petals	5	Polypetalous	
Stamens	5	Introrse	
Anther		sessile	
Filament			
Pistil		Compound	Syncarpous
Stigmas	1		
Styles	1		
Cells	1		
Ovules	ind		Parietal Plac

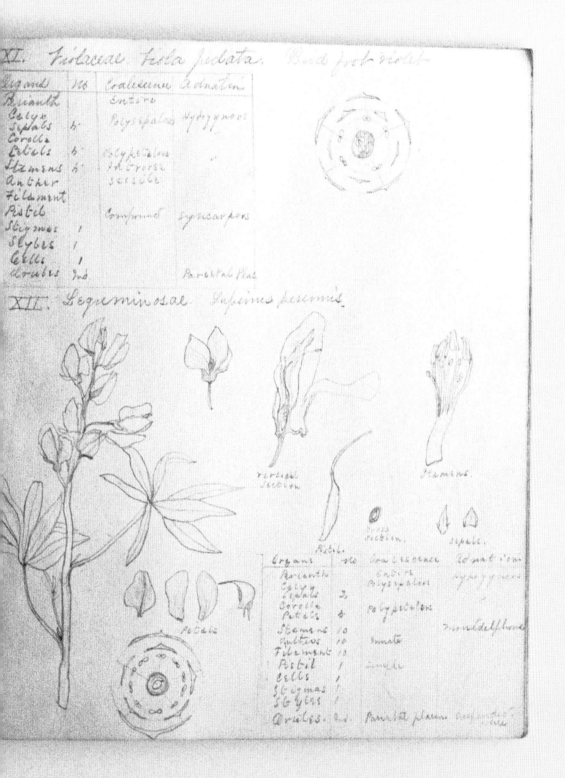

XII. Leguminosae. Lupinus perennis.

vertical section

Stamens.

cross section.

sepals.

Petals

Pistil.

Organs	No	Coalescence	Adnation
Perianth		Entire	
Calyx Sepals	5	Polysepalous	Hypogynous
Corolla Petals	5	Polypetalous	
Stamens	10		Monadelphous
Anthers	10	innate	
Filament	10		
Pistil	1		
Cells	1		
Stigmas	1		
Styles	1		
Ovules	ind	Parietal placen	suspended ?

영원히 시들지 않는
꽃 만드는 법

1.

자연 소묘 스케치북 만들기.

2.

책 커버 사이에 잎사귀와
꽃잎을 두고 마를 때까지
눌러 보관하기.

3.

종이에 드리운 꽃의
그림자를 따라 그리기.

4.

햇살 좋은 날 감광지를 이용한
선프린트(감광지에 물체를 올려놓고
야외 자외선에 노출시켜 물체의 형상을
그림으로 남기는 기법—옮긴이)
로 잎사귀 모양의 다채로움을 확인하기.

5.

한 송이의 꽃을 평생 잊을 수
없을 만큼 열심히
파고들어 공부하기.

왼쪽 | 이 수선화는 압화처럼 보이지만 내 친구 타니아가 소장한 18세기의
페이퍼 콜라주 작품이다. 300년이 흘렀으나 꽃의 생기는 여전하다.

수선화의 타이밍은 완벽하다.

겨울을 단 하루도 더 못 버틸 것 같을 때 비로소 수선화가 피어난다. 수선화를 다른 꽃과 섞고 싶으면, 먼저 줄기를 다듬은 뒤 꽃꽂이 전 별도의 화병에 한 시간 정도 담가 두어 수액을 빼야 한다. 사진 속 수선화들은 침봉으로 작은 화병에 꽂혀 봄의 화창한 표정을 담아 노래를 부르고 있다. 납매 가지가 향긋한 액자가 되어 크림색의 수선화와 스노플레이크 꽃송이들을 멋스럽게 담아낸다. 하지만 이 작품에서 단연 최고는 구부러져 시들어가는 한 대의 풀이다.

HOW MANY FOUR-LEAF CLOVERS CAN YOU SEE?

"네잎클로버를 얼마나 많이 보았나요?"

그림자 꽃꽂이

나는 그림자를 좋아한다. 서늘하고 가려진 구석이나 얼룩덜룩한 그늘도 좋다(이런 점에서 나는 꽃을 닮았다고도 할 수 있다. 쨍한 태양 빛 아래서는 시들어버린다). 그림자 역시 꽃을 닮았다. 덧없으며 끝없이 변화하는 이 매혹의 존재들은, 이리저리 흔들리다 갑자기 사라진다. 나는 꽃다발을 둘 장소를 고심하며 그림자로 꽃꽂이하기도 한다. 그림자가 깜빡이는 것을 보고 있으면 꽃을 감상할 때만큼이나 즐겁다. 작은 줄기가 드리우는 커다란 그림자, 언뜻 평범해 보이는 다발이 만들어내는 그림자 뭉치 모두 그렇다. 빛과 그림자의 로맨스는 마치 야릇한 춤 같다. 그리고 그것들이 꽃과 만나면, 사랑에 빠지지 않을 도리가 없다.

왼쪽 | 한낮의 태양 아래 민들레, 데이지, 개나리의 그림자.

날 좋아한다?
좋아하지 않는다?

사랑을 점쳐주는 단 하나의 꽃.

DANDELION

F. *dalmatique.* — L. *dalmatica*
fem. of *Dalmaticus*, belonging to

a mound, bank against water.
damm, only in the derived
man, to dam up; O. Fries.
Fries. *dām.* **+** Du. *dam*,
Dan. *dam*, Swed. *damm*,
G. *damm*, a dam, dike.
mmjan, to dam up.
ther, applied to animals.
e word as Dame.

L.) M. E. *damage.*
dommage); cf. Prov.
o Late L. **damnāti-*
Late L. *damnāticus*,
es. — L. *damnātus*,
mn.

ria.) M. E. *da-*
— Ital. *damasco.*
Dammeseq, Da-
Der. *damask-*
with gold (F.
n, adj.).
me. — O. F.
of *domi-*

M. E.
— L. *dam-*
damnum, loss,
g. § 762.
) Cf. M. E. *dampen*, to
; E. Fries. *damp*, vapour.**+**Du.
amp, vapour, steam; Dan. *damp*, G.
dampf, vapour; Swed. *damb*, dust. From
the 2nd grade of Teut. **dempan-*, pt. t.
*damp, pp. **dumpano-*, as in M.H.G.
dimpfen, *timpfen*, str. vb., to reek; cf.
Swed. dial. *dimba*, str. vb., to reek. See
Dumps.

Damsel. (F. — L.) M. E. *damosel.* —
O. F. *dameisele*, a girl, fem. of *dameisel*, a
young man, squire, page. — Late L. *domi-*
cellus, a page, short for **dominicellus*,
double dimin. of *dominus*, a lord. (Pages
were often of high birth.)

Dance. (F. — O.H.G.) M. E. *daun-*
cen. — O. F. *danser.* — O. H. G. *danson*, to
drag along (as in a round dance). —
O. H. G. *dans*, 2nd grade of *dinsen*, to
pull, draw; allied to E. Thin. Cf. Goth.
at-thinsan, to draw towards one.

Dandelion, a flower. (F. — L.) F.
dent de lion, tooth of a lion; named from
the jagged leaves. — L. *dent-em*, acc. of
dens, tooth; *dĕ*, prep.; *leōnem*, acc. of
leo, lion.

on
Pro
also
or of
A. F.
to Gode
a quoit,
δίσκος, a quoit, disc. — See Disc.
Daisy. (E.) M. E. *dayēsyē* (4 sylla-
bles). A.S. *dæges ēage*, eye of day, i.e.
the sun, which it resembles.
Dale, a valley. (E.) M. E. *dale.* —
A.S. *dæl* (pl. *dal-u*). **+** Icel. *dalr*, Dan.
Swed. *dal*, a dale; Du. *dal*; Goth. *dal*;
G. *thal*; also O. Slav. *dolŭ* (Russ. *dol'*);
cf. Gk. θόλος, a vault. Der. *dell*.
Dally, to trifle. (F. — Teut.) M. E.
dalien, to play, trifle. — A. F. *and* O. F.
dalier, to converse, chat, pass the time in
light converse (Bozon). Of Teut. origin;
cf. Bavarian *dalen*, to speak and act as
children (Schmeller); mod. G. (vulgar)
dahlen, to trifle.
Dalmatic, a vestment. (F. — Dal-

127

민들레와 데이지. 사전에서도
흙 속에서도 꼭 붙어 있는
영혼의 단짝들.

하루의 길이

THE LENGTH OF A DAY

한번은 동생이 침묵 명상을 하러 가자고 했다. 사흘간 숲속에서 캠핑하며 명상하자는 거였다. 동생은 신기하리만치 자연과 잘 교감하는 아이였고, 자연 명상 경험도 여러 번이었다. 반면에 나는 흔히들 하는 명상에 취미가 없었다. 내 마음속에는 온갖 잡다한 생각과 계획, 걱정과 즐거움이 가득한지라 그걸 다 비워낼 수가 없었다. 물론 홀로 재충전하는 시간을 늘 필요로 하기도 했으나, 그럴 때도 완전히 세상을 차단한 적은 없었다. 하지만 이번만큼은 고요함을 방해받지 않도록 책도, 일기장도, 카메라도, 휴대전화도 가져가지 않기로 했다.

우리는 짐을 꾸린 뒤 우리 가족 땅과 맞닿은 커다란 호수 끄트머리의 작은 만으로 가족 카누를 타고 갔다. 솔잎이 깔린 숲속 땅에 자리를 잡고 캠프를 쳤다. 가족끼리 여러 번 와봤던 곳이었다. 불을 피우는 용도의 커다란 돌무더기가 우리의 명상 경험(나에게는 명상 실험)의 중심 공간이었다. 동생은 사흘간 요가와 명상을 할

거라고 했다. 나는 내 시간을 어떻게 보낼지 별생각이 없었다.

첫날 아침은 뉴잉글랜드 여름날답게 화창했다. 온화하고 푸른 날이 이어지다 석양이 지자 모기들이 하나둘 내려왔다. 나는 숲속을 거닐다 호수 끝자락에서 온기가 남은 바위 하나를 발견했다. 앉아서 마음을 한번 비워볼까? 찰랑이는 물에 보랏빛 해수화가 잔뜩 피어 있었다. 토착 수생 들꽃인 해수화의 첨탑 같은 꽃송이들이 보라색 실안개처럼 수면에 깔려 있었다. 나는 바위에 앉아 호박벌과 꿀벌이 열심히 꽃들 사이를 오가는 것을 관찰했다. 자세히 보면, 꽃송이 하나마다 100개의 잔꽃이 달려 있고, 또 거기에 꽃가루로 뒤덮인 실 같은 수술이 100개 달려 있었다. 벌들은 막 개화한 꽃에만 들렀다 갔다. 벌 한 마리가 왔다 가면 작은 보라색 꽃잎은 저절로 둘둘 말려 더는 손님을 받지 않았다. 놀라울 정도로 효율적인 호박벌들은 꿀벌보다 훨씬 더 배불리 포식했다. 이리저리 날아다니는 호박벌의 비행을 보면서, 나는 그

간 생각해왔던 곤충의 부지런함에 대해 다시 한번 생각하게 되었다. 나는 아무런 생각 없이, 약간은 나 스스로 벌이 된 것처럼 벌들을 바라보았다. 시간을 가늠할 수 있는 것이라고는 하늘에서 움직이는 태양뿐이었다. 계속 보다 보니 검은 물에 보라색 꽃들이 반사되어 그림자 쌍둥이가 빛나고 있었다. 감상할 꽃이 두 배나 늘어난 거다.

그날 나는 머리를 비우려 하는 대신 주변을 둘러보며 시간을 보냈다. 내 머릿속은 평소라면 놓쳤을 사소한 것들로 가득 찼다. 화강암을 천천히 잠식 중인 이끼. 노란색, 연두색, 은색, 진홍색, 주황색까지 놀라울 정도로 색이 다채로운 지의류. 솔잎 밭에 누워 토착 소나무들의 울퉁불퉁한 나무껍질을 바라보았고, 튼튼한 나무 몸통이 산들바람에 아주 미세하게 흔들리는 걸 눈에 담았다. 보면 볼수록 하나둘 안 보이던 것이 보였다. 다음 날도 느리게 하루를 보냈다. 자리를 잡고 앉아 이번엔 더 자세하게 자연을 관찰했다. 겨우 연필심만 한 자벌레가 엄지손가락만 한 잎사귀를 살금살금 지났다. 그렇게 작은 것을 보게 될 줄은 정말 몰랐다. 태양 빛을 받으며 눈을 감고, 눈꺼풀에 살포시 앉는 햇살의 온기를 느꼈다. 태양을 가리며 지나가는 구름의 움직임도 느껴졌다. 구름을

피부로 느낀 건 그때가 처음이었다.

제왕나비 두 마리가 함께 춤추며 나무 꼭대기까지 높이 올라가는 모습에 눈길을 빼앗겼다. 나비들은 그 연약한 날개로 나라면 상상도 못 할 높이까지 올라갔다. 나는 넋 놓고 감탄했다. 습지 끄트머리에서 해가 지는 풍경을 감상했고, 작은 코요테 한 마리가 나에게서 불과 몇 미터 떨어진 곳의 블루베리 덤불에 슬그머니 접근하는 것을 가만히 앉아 바라보았다. 코요테는 기분 좋게 왕왕 짖으며 가지에 달린 블루베리 열매를 따 먹었다. 자연에 나가 홀로 가만히 한참을 있으면 자연도 나를 있는 그대로 동등하게 받아준다는 사실이 놀라웠다. 얼굴을 헹구러 물가로 내려갔다. 허리를 굽혀 얼굴을 씻는데 아무리 문질러도 떼어지지 않는 작은 자국이 눈에 띄었다. 더듬어 만져보았다. 그건 자국이 아니라, 감지할 수 없을 만큼 살짝 파인 콧등에 드리운 그늘이었다. 30년을 넘게 거울을 보면서도 눈치 못 챘었는데, 신비롭게 일렁이는 물에 비추이보니 바로 보였다. 이느덧 내 눈은 작디작은 것까지 볼 만큼 예리해져 있었다. 주변 세상을 그렇게 보다 보니 나마저도 새롭게 보였다. 사흘간의 침묵 명상 끝에, 단 하나의 순간이 영원까지 뻗어가는 경험을 했다.

앞으로 여름을 몇 번 더 보게 될지 가늠해볼 때가 있다. 그러나 아마 쓸쓸해지겠지. 아마도 한 40번쯤의 여름이 남은 것 같다. 어쩌면 네 번이나, 아니면 7년의 여름이

남았을지도. 한 해씩 첫 데이지꽃와의 만남이 40번, 첫 장미 내음을 맡을 기회가 40번 남았으니, 우리 집에 우거진 사과나무 그늘과 바닥에 한들거리는 그늘도 40번에

보낼 수 있는 오후도 40번밖에 돌아오지 않을 것이다. 사랑하는 사람에게 이 꽃을 기회가 40번이라면 어떤 기쁨일까, 한 번의 이맘쯤이 무척 소중해지지 않을까?

가지가 40이라는 숫자가 세상에서 가장 작게 느껴진다. 하지만, 단 한 번이라도 더 봄을 느낄 수 있다는 건 굉장한 행운이 아닌가?

HUMBLE THINGS TO DO
소박한 일들

데이지 왕관 만들기

일찍 일어나 일출 보기

민들레 불며 소원 빌기

고맙다고 말하기

흰색 면 옷 입기

압화 만들기

모르는 사람에게 웃어주기

민가지에 앉은 새 둥지 찾아보기

눈 감고 태양 보기

잎 모으기

빵에 버터 발라 먹기

침묵하기

편지 부치기

나무 아래서 낮잠 자기

네 잎 클로버 찾기

갓 깎은 연필로 글쓰기

오래된 스웨터 입기

비 오는 날 집에서 조용히 시간 보내기

친구에게 연락하기

달의 기울기 관찰하기

타는 초 바라보기

GOING

FAR AWAY

멀리멀리

도시와 시골을 보고, 화려한 것과 소박한 것에 모두 애정을 쏟았으니 이제는 멀리멀리 떠날 일만 남았다.

나는 얼마나 오래, 얼마나 멀리 떠나게 될지는 몰랐지만, 한 번도 가본 적 없는 장소에 가면 꽃에 대해 더 많은 걸 배우게 되리란 것은 알았다. 아직 나에게는 새로운 삶의 기회가 몇 번이나 남아 있었다. 옛 삶에 매여 한순간도 낭비하고 싶지 않았다.

마침내 나는 비행기 편도권을 끊고 짐을 쌌다(최고의 모험은 늘 이렇게 시작된다). 내가 하는 일은 유동적이어서 맘만 먹으면 여행 경비를 보충하기 위해 꽃꽂이 수업을 열거나 짧은 글을 기고하는 일도 충분히 할 수 있었다.

호기심에 이끌려 떠난 소노라 사막에서 선인장꽃을 보았고, 캘리포니아 데스 밸리에서 흐드러진 야생 양귀비를 보았다. 모로코를 여행하며 타일이 깔린 낙원을 배회했고, 스페인에서는 오렌지와 석류가 주렁주렁 달리고 제라늄을 심은 테라코타 화분이 지붕 높이에 걸린 벽토 안뜰을 거닐며 햇살을 만끽했다. 프랑스의 대저택에서 꽃꽂이 워크숍을 진행한 적도 있는데, 내가 그곳 복도에 정원 장미를 흩뿌렸다.

다음으로 건너간 곳은 루마니아였다. 마라무레슈라는 작은 동네에는 어딜 가든 꽃 그림과 조각, 자수가 있어 감탄을 자아냈다. 이집트에서는 파피루스와 연꽃을 그린 고대의 분홍빛 프레스코화에 반했다. 태국에서는 재스민과 난초로 만든 화환을 사서 침대의 네 개 기둥에 쳐둔 모기장을 꾸몄다. 스코틀랜드에서는 헤더가 피어나고 디기탈리스가 드문드문 자란 언덕이 끝없이 펼쳐진 광경에 황홀했다. 잉글랜드에서는 세계 어디에서도 찾아볼 수 없는 정원과 꽃을 향한 이 나라의 애정에 완전히 마음을 빼앗겼다. 이스트 서식스에 잠시 머물면서 야생적이고 별난 정원을 통해 많은 걸 배우기도 했다. 나와 지향하는 가치가 꼭 같은 나라였기에, 쉽게 발걸음이 떨어지지 않았다.

내 작업물을 본 중국의 어느 꽃 회사가 중국 각지에서 워크숍을 진행하지 않겠느냐고 제안했고, 그걸 계기로 나는 한 달간 중국에서 맛있는 만두를 먹고 보물을 찾아 상하이 꽃 시장을 다니며 시간을 보냈다. 한 달간 중국에서 통역을 낀 수업을 무사히 끝마치고 나면(솔직히 말해 무척 고된 작업이었다) 창조적 에너지를 충전하러 일본에 가고 싶었다. 그렇게 떠난 2주간의 교토 여행은 두 달이 되도록 이어졌다. 나는 2년 동안 일본에 오가며 일본의 자연 철학을 깊이 공부했다. 그 철학은 이전의 내가 전혀 경험해보지 않았던 방식으로 품위와 겸손함을 끌어안는다.

흔히 사람들은 진정한 자신을 찾으러 멀리 떠난다고들 한다. 그런데 나는 이곳저곳을 다니며 더 많은 꽃과 사랑에 빠질수록, 더 많은 미래의 나를 상상하게 되었다. 여행하면서 나는 내가 아닌, 세상 속 내 집을 찾았다.

이제는
멀리멀리 떠날 일만 남았다.

No 233
NATIONAL Open
GARDEN
SCHEME

YOU ARE WELCOME TO TRAVEL BY OUR PLANE

Mertensia virginica

JAPAN
TOKYO

百合科   Liliaceae.

Maria japonica, Miq.

深圳航空   A STAR ALLIANCE MEMBER   ECONOM
Shenzhen Airlines   经济舱登机牌

姓名   MERRICK/AMYELIZABET   航班号 FLIGHT NO.
NAME   CA 4338

目的地   航班号   日期   座位号   序号/舱位   座位号 SEAT NO./日期 DATE
DEST.   FLIGHT NO.   DATE   SEAT NO.   BD NO./CLASS   62D   100CT
CHENGDU   CA 4338
成都   100CT   62D   208 / G

登机时间   1110   登机口22   序号 BD NO.
BD TIME   GATE

ETKD   208

                    NI476096041

                                                               重要提示:

루마니아 길가를 밝히는 햇빛.

캘리포니아 햇살에 영감을 받은 색깔들. 라넌큘러스, 양귀비,
시트러스, 그리고 그 밖의 여러 보물.

샌타바버라 식물원에 펼쳐진 양귀비의 바다에서, 오자를 쓰고.

아주 사랑스러운 모자를 쓴 선인장들.

A FLOWER ADVENTURE

꽃의 모험

미국 애리조나

자칫 심심해 보이는
선인장에서 피어난
씩씩하고 보석 같은 꽃

미국 캘리포니아

완만한 산에서 흔들거리는
주황빛의 캘리포니아 양귀비

중국

장미와 작약, 그리고
수많은 정원 꽃의 고향

이집트

고대 돌 장식에 연꽃과
파피루스, 종려나무가 새겨지고
나일강을 감싸는 푸른 정원에
오아시스가 하나씩 있던 나라

잉글랜드

장미 정원과 블루벨 수풀, 들꽃
생울타리를 만날 수 있는 곳

꽃의 모험은 놀라움의 연속이다.

모로코

타일 깔린 낙원에
황홀한 재스민과 석류,
시트러스가 피어난다

일본

이끼가 내려앉은 사원을 분홍빛
벚꽃 지붕이 감싸고 있다.
이케바나 수업을 들으면
꽃에 관해 더 깊이 배울 수 있다

루마니아

온갖 민속 예술로 수 놓아지고,
새겨지고, 그려지는 명랑한 꽃들

태국

밀림의 나무 꼭대기에
피어난 야생 난초와 아래서
흔들거리는 기생식물들

문밖으로 나서는 순간, 무엇을 보게 될지 상상도 못 할 것이다.

꽃의 방랑벽

본격적으로 여행을 다니기 시작했을 때만 해도, 여행하는 내내 나의 손에 꽃이 들려 있으리라고는 미처 생각하지 못했다. 꽃 때문에 여행하는 게 아닌 날에도 인파 속에서 꽃이 눈에 들어왔고, 어딜 가든 자꾸만 꽃에 끌렸다. 파리에서 본 장미는 모로코에서 왔고, 모로코에 있는 장미는 수천 년 전 중국 산마을에서 들꽃으로 처음 피어난 장미에서 유래했다. 여권에 찍히는 도장에 따라 품종은 달라졌지만, 나의 여행길을 하나로 꿰어주는 공통점은 언제나 꽃이었다. 멕시코에서 유래한 달리아는 영국 정원에서도 똑같이 행복하게 자라난다. 터키에서 태어난 튤립은 네덜란드에서도 번성해 사랑받는다. 꽃은 국경을 가리지 않는다. 온 세상이 실은 하나임을 꽃은 잘 알고 있다.

　　낙타의 안장주머니에 깊이 숨어들어 대륙을 횡단했을 작은 구근과, 왁스를 입힌 포장지에 싸여 바다를 건넌 작은 씨앗을 종종 상상해본다. 그 최초의 식물 탐험가들 덕에 자연의 경로는 영영 달라졌다. 멀리 떨어진 세상들이 단 하나의 꽃다발에서 만나게 되었다.

오른쪽 | 일본 양귀비는 하늘을 바라본다.

위 | 비 오는 교토의 동백꽃.
왼쪽 | 물웅덩이 속, 동백꽃과 놀러 온 짝꿍 달팽이.

위 | 잉글랜드 이스트 서식스의 그레이트 딕스터 정원에 제멋대로 자라난 토착 버바스컴.

오른쪽 | 그레이트 딕스터 정원의 긴 생울타리는 중세의 태피스트리 공예품을 닮았다. 유니콘이 나온다 해도 이상하지 않을 것 같은 정원.

퇴비 더미에서부터

정원을 사랑하는 사람에게 영국은 최고의 나라다. 영국으로 원예 순
례를 떠나고픈 마음이야 늘 있었지만, 그저 간단한 줄 알았던 여행이
정원 가꾸는 법을 직접 배울 기회로 커지리라고는 미처 상상하지 못
했다. 많은 운과 약간의 끈기가 발휘된 덕에, 나는 1년 1개월 동안 영
국 정원 중에서도 가장 사랑받는 그레이트 딕스터에 상주하게 되었
다. 거기서 나는 세상에서 가장 재능 있는 정원사들과 함께 풀을 자르
고, 가지를 치고, 말뚝을 치고, 화분에 꽃을 심고, 물을 주고, 잡초를 뽑
았다. 그렇게 정원을 가꾸는 일의 미묘함과 사랑에 빠졌다. 정원 가꾸
기라는 변화무쌍한 꽃꽂이 행위에 완전히 압도당했다. 화병에 꽂아
감상하는 작은 예술 작품을 만드는 것과 또 달랐다.

　　플로리스트인 나는 출발부터 정원사들과 달랐다. 정원사는 식물
이 내면의 잠재력을 오롯이 꽃피울 때까지 오랜 시간 식물을 돌본다.
반면 플로리스트는 가위를 들고 등장해 대뜸 그 식물을 자른다. 그레
이트 딕스터에서 생활하는 동안 나는 꽃을 자르고 싶은 맘을 꾹 참고
사방에 버려진 풀 조각들을 찾아 헤맸다. 그렇게 나는 언뜻 퇴비처럼
보이는 더미에서 보석을 발견하는 안목을 길렀다. 어느덧 나의 작은
침실에는 버려진 풀더미가 모습을 바꿔가며 놓이기 시작했다. 노랗게
시들어가는 잎사귀, 버려질 운명이었던 긴 잡초, 땅에서 뽑고 보니 꼭
도자기로 만든 듯한 수국의 묵직한 꽃 방울 머리를 화병에 꽂았다. 정
원에 피어난 예쁜 꽃을 꺾지 못하게 된 덕분에, 퇴비가 될 것들로 꽃꽂
이를 할 수 있게 되었다. 꽃꽂이는 버려질 것들의 진가를 바로 보게 해
주는 예술이다.

오른쪽 | 그레이트 딕스터에서 견습 생활을 하던 시절. 나의 책상에는 밤마다 읽던 원예
책들이 쌓여 있었다. 언젠가 나만의 정원을 가꿀 날을 꿈꾸며.

어느 잉글랜드 아저씨가 직접 가꾼 꽃 정원과 손수 지은
오두막집 앞에 서 있다.

러우샴 정원.

'천사들의 합창'이라 불러는 겹꽃양귀비.

창틀에서 꽃꽂이를
발견하는 것만큼
즐거운 일이 있을까?
사진은 친구 샬럿 집의
창가이다.

천국은 한 다발의 들꽃.

GARDENS

For Flower Lovers

꽃 애호가에게 소개하고픈 정원

찰스턴 농장

영국 이스트 서식스, 웨스트 펄

보헤미안 예술가였던 바네사 벨과 던컨 그랜트의 매력적인 서섹스 집과 정원은 곳곳마다 꽃이 있다. 정원에는 사랑스러운 장미와 시골 꽃이 이리저리 피어났고, 집 건물에는 꽃 벽화가 만개했으며, 실내로 가면 꽃무늬 러그와 스텐실 벽, 등갓, 커튼 천이 반겨준다.

로터스랜드

미국 캘리포니아, 몬테시토

이 기발한 꿈의 정원은 사막과 열대 식물을 활용해 고전 무성 영화 세트장 같은 분위기를 연출한다. 과하지 않게 드라마틱한 로터스랜드는 원예 지식이 딱히 없던 어느 오페라 가수가 만들었는데, 이 스페인풍의 공간은 미국에서 가장 멋지게 사적이면서 환상적인 정원이 되었다.

덤버턴 오크스

미국 워싱턴 DC

1920년대에 조성된 이 공간은 조경 건축가 비어트릭스 패런드의 작품으로 테라스 정원, 생울타리, 과수원, 줄줄이 심긴 꽃과 채소가 우아하게 조화를 이루고 있다. 경계선 너머로는 야생 목초지와 오솔길이 펼쳐진다. 작은 온실과 정원의 구조는 그야말로 감탄을 자아낸다. 벤치와 입구, 별채의 매력 또한 타의 추종을 불허한다.

러우샴

영국 옥스퍼드셔, 러우샴

잉글랜드 러우샴 지방에 있는 자연식 정원으로 18세기 윌리엄 켄트가 설계했다. 고전적인 사원과 장식용 건물, 작은 동굴, 섬세한 조각상을 보노라면, 세월이 간직된 것을 넘어 아예 멈춘 듯한 느낌을 받는다. 마음이 기분 좋게 차분해지는 이 안식처로 한 번쯤 소풍을 떠나보기를 권한다. 잔디밭에 누워 그날만큼은 이 모든 것을 당신의 것으로 누리기를.

그레이트 딕스터

영국 이스트 서식스, 노디엄

동화에 나올 법한 튜더풍의 저택을 감싼 그레이트 딕스터의 야생 식물들은 최고로 멋스러운 무늬를 짜내어 꽃을 사랑하는 이들에게 기쁨을 선사한다. 일반 방문객과 진지하게 배우려는 학생 모두를 반기는 딕스터는 나의 영국 정원 모험이 시작된 곳이기도 하다.

시싱허스트

영국 켄트, 크랜브룩

비타 색빌 웨스트 귀부인의 자유분방한 이 정원은 따로 소개가 필요하지 않을 정도로 영국에서 가장 사랑받는 유명한 정원 중 하나다. 생울타리가 둘린 우아하고 느긋한 정원의 공간은 여성적이면서 탐스러운 시골 꽃과 아주 잘 어우러진다. 비타 부인의 멋진 소장품들이 탑처럼 높이 쌓인 서재도 빼놓을 수 없는 구경거리다.

롱우드 정원

미국 펜실베이니아, 케네트 스퀘어

롱우드 정원은 어린 시절 나를 키운 공간이다. 우리 가족은 2년에 한 번씩 빠지지 않고 이 인상적인 식물원에 방문했다. 이곳의 에드워드풍 온실과 일 년 내내 피어 있는 장미, 난초 컬렉션, 그리고 어린이 정원을 통해 나는 정원이 어떤 공간인지를 처음 맛봤다. 나의 상상력을 줄곧 사로잡고 있는 곳이다.

웨이브 힐

미국 뉴욕, 브롱크스

뉴욕 시절 나에게 웨이브 힐은 행복해지고 싶을 때 찾는 안식처였다. 허드슨강이 보이는 풍경이 특히 인기가 높지만, 이 정원은 아주 사소한 것까지 하나하나 다 아름답다. 나는 섬세하게 지어진 유리 온실 입구 화분에 심긴 소형 고산 식물 컬렉션을 특히 좋아했다. 자유로우며 자연스러운 이곳의 식물을 보고 있으면 바깥 도시와 동떨어진 공간에 와 있는 듯하다.

오른쪽 | 6월의 아주 멋진 그레이트 딕스터 정원. 접시꽃과 높이 솟은 버바스컴, 달맞이꽃.

오래된 차 용기에 꽂은 헬레보레.

내가 처음 생활한 교토 집 다다미방에 있던 덩굴과 위치하젤, 상록식물.

일본을 발견하다

FINDING JAPAN

가본 적 없는 곳이어도 향수병을 앓을 수 있다. 도착하기도 전에 그리워하게 되는 그런 곳이 있다. 나는 꽃을 배우러 일본에 갔다. 그렇게 목적이 확실한 모험은 처음이었다. 옛날에도 일본에 방문한 적이 있었지만, 그때는 사람 많고 부산한 도쿄에만 머물렀다. 그때를 떠올리면 로봇, 인파로 붐비는 거리, 어찌나 빨리 달리는지 차분히 바깥 풍경을 구경할 수조차 없던 열차가 생각난다. 여행하면서 나는 일본의 자연 철학에 대해 배우고 싶어졌다. 일본 사람들의 문화유산에 꽃이 어떠한 역할을 하는지도 궁금했다. 그래서 교토에 산다는 친구의 친구에게 연락했다. 카나 시미즈라는 친구였는데, 교토 북쪽 끝자락에 '스타더스트'라는 이름의 작은

보석함 같은 카페를 막 열었다고 했다. 19세기 전통 마치야 가옥에 들어선 카페는 회반죽이 벗겨진 벽 군데군데에 남색 와시(일본의 전통 종이—옮긴이) 조각이 덧대어져 있었다. 나의 여행은 온기와 진심이 담겨 반짝이는 그곳에서 시작되어야 했다. 나는 카나에게 함께 소규모로 꽃꽂이 수업을 열어보지 않겠느냐고 제안했다. 카나는 내 제안을 흔쾌히 수락했고, 카페 위층에 있는 정갈한 다다미방에 묵도록 해주었다.

택시를 탔다가는 엉뚱한 의사소통으로 촌극을 빚게 될 것 같아 시내버스에 올라탔다(9번 버스를 타면 됐다. 언어를 몰라도 9번 버스를 놓칠 일은 없었다). 정확히 말하면 스타더스트라는 공간이 나를 발견한 것이었다.

스타더스트로 향하는 길에 내 눈에 띈 것은 카페 옆 이웃 건물이었다. 말도 안 되게 작지만 무척 우아한 꽃집. 그곳에는 다다미 매트와 오래된 일본 도자기, 희귀한 들꽃으로 가득한 골동 바구니 들이 있었다. 거의 자정이 다 되어 도착한 터라 마법 같은 그 공간으로 들어가 볼 수는 없었지만 나는 직감했다. 한 번도 와본 적 없는 곳이지만, 드디어 내가 집에 왔다는 것을.

처음에는 스타더스트에서 소규모로 워크숍을 마치고 나면 2주 동안만 머물며 주변을 둘러볼 생각이었다. 그런데 결국에는 그곳에서 두 달을 더 머물렀다(집으로 돌아가는 비행기 표를 산 것은 그로부터 두 달이 더 지난 후였다). 카나는 나를 위해 자기 세계를 오롯이 열어주었다. 그의 우아함과 평화로움, 그리고 아주 사소한 아름다움까지 귀히 여기는 모습에 나는 매료되었다. 카나는 나에게 이웃 꽃집 '미타테'의 주인 하야토 니시야마를 소개해주었다. 그 덕에 전통 다도 스타일

처럼 단순한 들꽃 꽃꽂이, 일명 나게이레*nageire*의 철학도 건너 배울 수 있었다. 그러한 꽃꽂이 전통은 꽃을 사원 공물로 올리던 불교 수도승들에게서 비롯되었다고 했다. 카나의 통역을 통해 꽃집에서 열리는 소규모 수업을 들었다. 네 시간 동안 하야토의 꽃 철학에 대해 배운 뒤 화병에 꽂을 한 장의 잎사귀와 한 송이의 꽃을 저마다 골랐다. 단 한 줄기의 귀중함을 깨치자 꽃에 대한 애정이 다시 솟아났다. 하야토는 일본 식물도감을 펴서 학생들이 고른 들꽃을 가리켜 보여주었다. 우리는 서로의 말을 이해할 수 없었지만 결국 하나의 언어를 말하고 있었다. 그의 아내 미카가 우리에게 말차를 대접했다. 그들의 세 살 난 아들 만찬은 커튼 뒤에 숨어 우리를 빼꼼 훔쳐보았다. 하야토는 수업을 끝마치면서 내게 부탁을 하나 했다. "고향으로 돌아가거든 당신이 배운 일본 들꽃의 영혼에 관해 이야기해줄래요?" "물론이죠." 나는 굳게 약속했다.

스타더스트에서 열린 가을 워크숍 꽃들.

봄에 스타더스트에서 열린 벚꽃 파티.

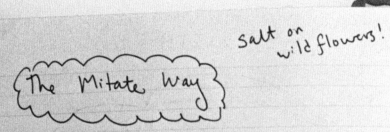

salt on wild flowers!

{ The Mitate Way }

#1 - Cut from the mountain. Right into a bucket, then hammer when home. Recut under water.

#2 - Pick the flower first when arranging or else it will run away. That will be your main character - think about what you want to show and do it through this flower.

#3   Splash your water to add softness + life.

#4   Always keep a little dish of water as your cutting water. Always cut stems underwater

#5   Branch first, then flower. Use only natural materials for support. Make a little splint in a wide neck vase or use an upside down branch....

#6   When finished, kiss with a gentle spray of water. He had the most beautiful silver misters - like syringes. I bought one!

In the end - vase, flower, stand and wall all together become one flower.

HiKiza

Shimoy

Mansa

After we ma
wildflower bo
tussilaginea
in Japan in

나의 여행 일기는 미타테 수업의 필기 내용으로 빼곡하게 채워졌다.

...ripping away excess to see
...e innocent beauty. Exposed,
...ple with nothing to hide.

...to be burned by heat or cold,
...Shimoyake ba. leaf burn

...rst bloom of the spring.
...s son is named mansaku (man chan!)

...EASONS IN IKEBANA

...NG: Small buds unfurling + re
growth

...SUMMER: SO HOT! Refreshing with cool
water.

...Fall: HARVEST. Lots of baskets,
branches gathered, cold burns
not just seasonal red folia...

...WINTER: no flowers, bare, expos...
camellia bud with perfect 3 leaves.
bud symbolizes all of the energy
...rrangements, he showed us in
...choices! Mine was "Ligularia
...little yellow daisy everywhe...
♡ ♡ ♡

미타테 방식 | 들꽃을 돋보이게 하는 법!

#1 – 산에서 꽃을 자른다. 바로 양동이에
집어넣고 집에 도착하거든 옮겨 담는다.
물에 담근 채로 다시 자른다.

#2 – 꽃을 먼저 골라야지, 아니면
소용없다. 그 꽃이 당신의 주인공이다.
그걸로 뭘 보여주고 싶은지, 뭘 하고
싶은지 고민하자.

#3 – 부드러움과 생생함을 더하기 위해
물 뿌려주기.

#4 – 자를 때는 항상 물을 한 접시 옆에
두기. 줄기를 자를 때는 반드시 물에 담근
채로.

#5 – 줄기 먼저, 그다음에 꽃. 지지물은
무조건 자연 재료를 사용한다. 입구가 넓은
화병일 때는 작은 부목을 대거나 거꾸로
뒤집은 잔가지를 활용.

#6 – 다 끝마치면 가볍게 물을 뿌려준다.
선생님의 은제 분무기가 진짜 예쁘다. 나도
하나 구매!

결론 – 화병, 꽃, 스탠드, 그리고 벽까지.
모든 것이 하나의 꽃이 된다.

히키잔: 진정으로 순수한 아름다움을
보이도록 과잉을 덜어낸다. 아무것도
감추지 않고 모든 것을 단순히 드러낸다.

시모야케: 더위나 추위에 데다. 시모야케
한다는 건, 잎사귀가 그을린다는 것.

만사쿠: 봄의 첫 꽃송이(선생님의 아들
이름은 만사쿠를 따서 만챈).

계절별 이케바나

봄: 성장을 펼쳐내는 작은 꽃봉오리들

여름: 너무 더워! 물을 드러내어 신선하게.

가을: 수확의 계절. 바구니 한가득.
나뭇가지 모으기. 추워 마른 잎사귀.
가을이라고 붉은 나뭇잎만 모을 필요는
없다.

겨울: 꽃 없이 헐벗은 동백꽃 꽃봉오리와
잎사귀로 연출. 꽃봉오리만으로 모든
에너지가 느껴진다.

꽃꽂이를 완성한 후에 선생님이 우리가
고른 꽃이 무엇인지 들꽃 도감에서
보여줬다! 내가 고른 꽃은 *리구라리아
투실라지니아 마키노*. 가을이 되면 일본
사방에 피어나는 작고 노란 데이지 꽃이다.

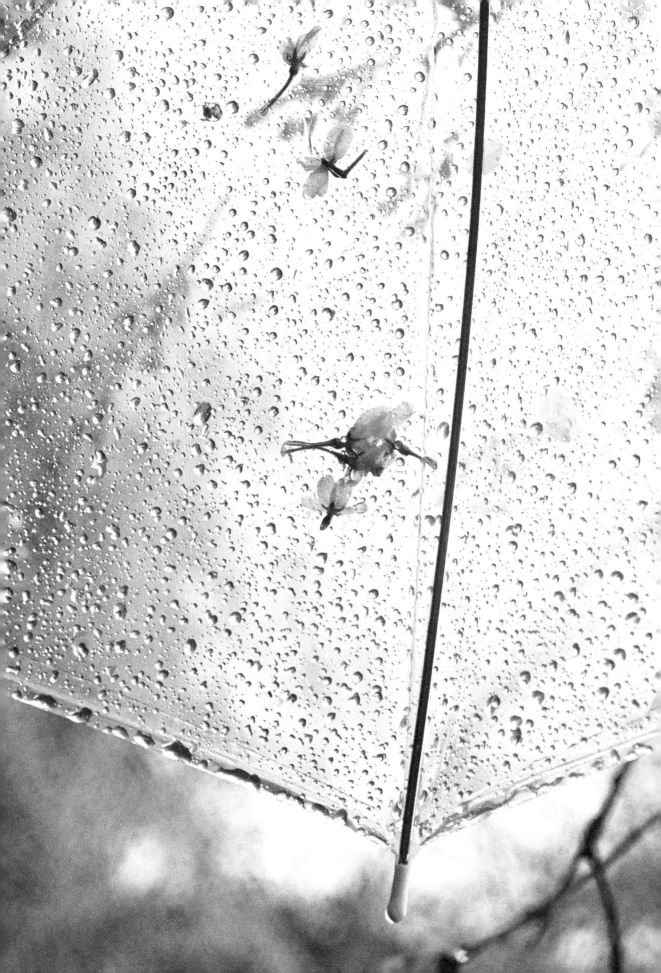

일본의
벚꽃 단어들

하나후부키 花吹雪
산들바람에 꽃잎이 흩날리는 순간.
꽃보라.

요자쿠라 夜桜
밤에 벚나무를 보는 경험

하나이카다 花筏
검은 물에 떠내려가는 꽃잎 무리

하나즈카레 花疲れ
벚꽃을 감상하느라 온종일 바깥에
있다 온 후에 느끼는 피로

하나아카리 花明り
어둠 속에서 은은하고
연하게 반짝이는 벚나무

와비자쿠라 侘桜
고독한 아름다움을 품고
외로이 피어난 벚나무

*사쿠라아메*桜雨는 자연스레 질 벚꽃을 일찍 떨어트리는 봄비를 일컫는 말이다.

이건 내 가위다.

어디를 여행하건 늘 챙겨 다닌다(기내 짐가방에는 물론 넣지 않는다).

'아리츠구'라고 하는 교토 가게에서 샀다.

1560년부터 채집 칼로 쓰였다고 한다.

제조사가 손잡이에 이름을 새겨주는데,

나는 이름 대신 일본어로 집을 뜻하는 단어를 새겨달라고 했다.

이제 내가 어디에 있건, 이걸 들고 꽃을 자르는 순간,

집은 내 손바닥에 있다.

미타테에서 팔고 있는 일본 들꽃.

미타테에 진열된 소중하고 아름다운 화병 컬렉션.

화분을 깨트리다
BREAKING VASES

그건 정말 사고였다. 나는 맹세코 그 화분을 손끝으로라도 건든 적이 없다. 그냥 저절로 깨진 듯했다. 오사카 외곽의 오래된 마을에서 친구의 고즈넉한 전통 목조 가옥에서 지내던 때였다. 나는 거기서 이케바나를 공부하며 주말 내내 일본 시골을 탐방했다. 꿈결 같은 집이었다. 친구의 할아버지가 섬세한 목공과 숨결처럼 얇은 쇼지 종이 문, 손으로 회칠한 벽, 탁한 분홍빛에 조개껍데기가 박혀 있는 흙바닥으로 된 집을 손수 지으셨다고 했다. 바다에서 딴 굴을 숯불 화로에서 바로 구워 먹었고 작은 도자기 잔에 사케를 따라 마셨다. 저마다 독특한 반점과 잔금이 나 있는 잔들은 선반에 나란히 진열되어 있었다. 값을 매길 수 없이 귀중한 보물이었다. 잘 때는 다다미 매트를 깔았다가 날이 밝으면 도로 접었다. 이게 버릇이 되어 나는 지금도 바닥에서 가장 푹 잔다. 코발트블루 빛깔의 욕조에 귀가 잠길 때까지 푹 몸을 담갔고, 겨울에는 물과 내 몸이 향긋해지게 유자 조각을 띄웠다. 목욕하는 동안 근사한 꽃꽂이를 감상할 수 있도록 욕실 벽 한 칸에 우묵하게 들어간 공간도 작게 있었다.

긴 복도를 따라 걷다 깨질 듯 여리여리한 유리문을 밀어 열면, 정성껏 관리된 뜰 정원이 나왔다. 이끼 덮인 땅에 진홍색의 동백꽃 잎들이 웅덩이를 이루었고, 그 땅

이전 장 | 미타테에서 산 꽃들.

을 지나 돌계단을 오르면 옛 석조등이 구불구불 이어졌다. 그리고, 유리 벽과 나란하게 특별한 소품을 보관하는 장이 하나 있었다. 그 안에는 유광의 다채로운 도자기 화병, 선사시대 그릇, 언제 어디서 만들어졌는지 감도 잡히지 않는 불가사의한 공예품이 있었다. 친구는 언제든 원하는 걸 꺼내 꽃꽂이해도 좋다고 했다. 나는 장 안쪽에서 주황빛의 우아한 금붕어가 그려진 작은 중국 도자기 화병을 발견했다. 반점이 박힌 주황빛 백합을 꽂으면 완벽하게 어울릴 것 같았다. 장에서 그 화병을 올려 꺼낸다는 것이 바로 앞에 놓인 허름한 화병 입구를 스치고 말았다. 스친다는 느낌조차 나지 않았건만, 결과는 아니었다. 낡은 잿빛 화병의 테두리가 단번에 갈라지더니 먼지 한 톨 없는 장에서 산산조각으로 부서진 것이다.

　처음에는 충격이, 그다음에는 공포가 찾아왔다. 그

화병의 역사에 대해서 아는 게 없었지만, 어쨌거나 부서졌다는 사실은 명확했고, 그건 전적으로 나의 탓이었다. 나는 한참을 고민하다 그날 저녁 돌아온 친구에게 깨진 병을 보여주었다. 친구는 침착한 표정으로 그 화병은 1천 년 된 도자기이며 돌아가신 아버지가 가장 아끼던 것이라고 말했다. 그런 화병을 내가 깨트린 것이다. 친구는 잠시 침묵하더니 괜찮다고 말해주었다. 그 화병은 나를 만나기 전에 무수한 역사를 쌓았으며 이젠 나도 그 역사의 일부가 되었다는 것이다. 친구는 이 세상의 아름다운 것은 결국 다 깨어지지 않느냐며 슬프게 웃어 보였다. 지금 생각해보면, 그 화병은 조각난 것들을 모으는 법을 내게 알려줄 또 다른 아름다움의 파편이 아니었을까 싶다. 세상의 황홀한 것들이 모두 그러하듯, 덧없으나 영원한 아름다움.

FAR AWAY THINGS TO DO

멀리멀리 떠나 해야 할 것들

꽃 순례 계획 짜기

벚꽃 파티 열기

편도 비행기 표 끊기

호텔 방에 꽃 놓기

여행 기념품으로 화병 모으기

길을 잃어도 그러려니 하기

정원 자동차 여행 떠나기

엽서 보내기

감사 카드 챙겨 다니기(고마움을 표현할 상황은 언제든 생기니까)

여행 일기 쓰기

본 적 없는 꽃 발견하기

무조건 창가 자리 앉기

향수병에 취하기

단 한 곳의 식물원에서 세계 여행하기

도시를 방문해 그곳의 자연 발견하기

시골에서 시간을 보내며 들꽃 속의 천국을 발견하기

낭비의 즐거움 누리기

사소한 것들로 사치하기

멀리 떠나온 곳을 집처럼 느끼기

집에 돌아와 새로워진 세상 보기

감사의 말

이 책의 씨앗을 뿌린 건 나의 가족이었다. 가족이 아니면 내가 뿌리 내릴 곳은 없다. 나의 어린 시절을 무한한 호기심으로 채워준, 자유로운 영혼을 지닌 엄마 콘스턴스에게 감사하다. 식물에 대한 애정을 나눠준 아빠 톰에게도 감사하다. 내가 막 사업을 시작할 때 꽃을 양동이째 날라줬던 동생 미카에게도 고맙다. 동생이 아니었으면 아마도 나는 첫 수업에 대한 공포로 온몸이 마비되어 지금까지 소파에 죽은 듯 누워 있었을 거다.

한 장 한 장 참을성 있게 나와 걸음을 맞추며 이 책을 디자인해준 줄리아 가빈에게 감사하다. 다정하고도 노련한 글 편집 솜씨와 대서양을 오가는 전화 통화로 너그러이 응원의 말을 보태며 내 정신을 붙들어준 스테파니 메이드웰에게도 감사하다. 소바 면을 먹고 온천에 데려가겠다며 나를 차에 태우고 나라 지방의 산골짜기까지 가준 미유카 야마나카에게도 고마운 마음을 전한다. 이 책에 실을 사진을 찍기까지 용기를 북돋아주었다. 그녀의 사진들이 이 책을 아름답게 꾸며주었고,

앞으로도 나는 그녀의 렌즈를 통해 세상을 보게 될 것이다.

가족이 될 기회를 준 아티산 출판사에 감사하다. 특히 이 책을 만들 수 있게 나를 믿어준 리아 론넨에게 고맙다고 말하고 싶다. 능숙하게 실수를 바로잡아주고, 어떤 편집자의 날카로운 빨간펜보다도 날카로우며 사려 깊은 제안을 해준 브리짓 먼로 잇킨에게도 고맙다. 이 책에 담긴 사랑을 발견해준 미셸 이샤이-코헨에게도 고맙다. 아울러 아티산 팀원들, 시빌 케이저로이드, 낸시 머리, 제인 트레우해프트, 한 리, 엘리스 램스보텀에게도, 진득하게 참아주고 애써주어 고맙다는 말을 전한다. 내가 이 여정을 완주할 수 있도록 도와준 키티 콜스에게 고맙다. 의견을 보내준 메건 제이블론스키를 비롯해 티프 헌터, F. 마틴 라민, 샬럿 블랜드, 애덤 패트릭 존스, 아킴 쿤, 알렉스 세라노도 고맙다.

가족 농장에 머무를 수 있게 해주고 한 아름 꽃을 품을 수 있게 해준 시리, 마거릿, 조엘 토르슨에게 감사

하다. 이 일을 처음 시작하는 나에게 항공 마일리지 쌓는 것의 중요성을 말해주고 자신의 화병들을 내 꽃의 집으로 내어준 프랜시스 파머에게도 감사하다. 최고의 식탁 동무가 되어준 앨리스 손더스에게도 고맙다. 나의 조세핀 마치, 키트 슐츠에게도 고맙다. 덕분에 내가 누군가의 엘리너 대시우드가 되었다. 여러 방법으로 내게 커피를 타 주는 앤 파커에게도 고마움을 전한다.

페드로 다 코스타 펠구에이라스에게 감사하다. 이 책을 작업하는 동안 그의 런던 집은 나의 안식처이자 영감의 원천이었다(그 집의 정원 방에서 이 책의 150쪽과 151쪽에 실린 사진을 촬영했다. 36, 37, 132, 152쪽에 등장하는 우아한 인테리어 모두 그 집의 것이다!) 스필스부터 브레이마까지 어디서건 두 팔 벌려 환대해준 태니아와 제이미 컴프턴에게 고맙다. 30년의 애정으로 만들어진 정원을 보여준 샬럿과 도널드 몰스워스에게도 고맙다. 함께 배울 수 있도록 허락해준 그레이트 딕스터 사람들, 그리고 그곳 식물들한테도 고맙다고 말하고 싶다. 케이크를 만들어준 바이올렛 베이커리의 클레어 프탁에게도 고맙다. 가게의 그림자를 빌려준 모모산의 모모 미즈타니에게 고맙다. 더블 크림을 할짝거리는 코기 강아지들을 볼 기회를 허락한 찰리 맥코믹과 벤 펜트리스에게

도 고맙다. 39쪽에 실린 데이지와 사전을 제공해준 필립에게도 고마움을 전한다.

아티산 출판사에서 책을 쓸 준비가 되었느냐는 이메일이 왔을 때 내 옆에 있다가 얼른 답장하라며 나를 열심히 설득한, 가타기리 아츠노부에게 고맙다. 향수병에 시달리던 나에게 멋진 주방을 내어준 톡과 히로미 키세에게도 감사하다. 특히 톡은 책 계약서를 뽑아다 주었고, 필름 일곱 통이 망가져 버려야 했을 때 이 책의 진심은 단순히 사진에만 있는 게 아니지 않느냐고 위로해주었다. 하야토와 미카 니시야마에게도 감사하다. 미타테에서 본 세상은 꽃을 바라보는 나의 시선을 완전히 변화시켰다. 카나 시미즈와 린 스즈키를 비롯해 교토의 스타더스트에서 만난 아름다운 가족 모두에게 감사의 마음을 보낸다. 이 책 계약서에 서명할 때 내가 앉았던 스타더스트 구석 자리의 작은 테이블에도, 이 작업을 시작할 때 축하 와인 잔을 내게 건넨 카나 시미즈에게도 마찬가지로 고맙다. 이제는 내가 여러분 모두에게, 깊은 감사와 다정의 마음을 담아 잔을 건네고 싶다.

옮긴이 송예슬

대학에서 영문학과 국제정치학을 공부했고 대학원에서 비교문학을 전공했다. 바른번역 소속 번역가로 활동하며 의미 있는 책들을 우리말로 옮기고 있다. 옮긴 책으로는 『매니악』, 『킨포크 아일랜드』, 『눈에 보이지 않는 지도책』, 『사울 레이터 더 가까이』, 『스트라진스키의 장르문학 작가로 살기』 등이 있다.

꽃이 좋은 사람

누구에게나 하루 한 송이 아름다움이 필요하다

펴낸날 초판 1쇄 2024년 4월 2일

지은이 에이미 메릭

옮긴이 송예슬

펴낸이 이주애, 홍영완

편집장 최혜리

편집1팀 김하영, 양혜영, 문주영, 김혜원

편집 박효주, 장종철, 한수정, 홍은비, 강민우, 이정미, 이소연

디자인 윤소정, 김주연, 기조숙, 박정원, 박소현

마케팅 김태윤, 김민준

홍보 김철, 정혜인, 김준영, 백지혜

해외기획 정미현

경영지원 박소현

펴낸곳 (주)윌북 출판등록 제2006-000017호

주소 10881 경기도 파주시 광인사길 217

홈페이지 willbookspub.com

전화 031-955-3777 팩스 031-955-3778

블로그 blog.naver.com/willbooks

포스트 post.naver.com/willbooks

트위터 @onwillbooks 인스타그램 @willbooks_pub

ISBN 979-11-5581-709-4 (13520)

✽ 책값은 뒤표지에 있습니다.
✽ 잘못 만들어진 책은 구매하신 서점에서 바꿔드립니다.
✽ 이 책의 내용은 저작권자의 허가 없이 AI 트레이닝에 사용할 수 없습니다.

윌북아트는 윌북의 예술 교양서 브랜드입니다